MÁQUINAS ELÉCTRICAS

Franklin Sánchez, Gabriel Moreano y Paul Masache

MÁQUINAS ELÉCTRICAS

Franklin Sánchez, Gabriel Moreano y Paul Masache

Marcombo

Máquinas eléctricas

© 2026 Franklin Israel Sánchez Gamboa, Gabriel Vinicio Moreano Sánchez y Paúl Andrés Masache Almeida

Docentes de la Universidad de las Fuerzas Armadas - ESPE

Primera edición, 2026

© 2026 MARCOMBO, S. L.
Gran Via de les Corts Catalanes 594, 08007 Barcelona
www.marcombo.com
Contacto: info@marcombo.com

Ilustración de cubierta: Jotaká
Corrección: Haizea Beitia
Revisores técnicos: Ing. Marco Guevara Ph.D. e Ing. Elias Lescano Mgtr.
Directora de producción: M.ª Rosa Castillo

ISBN: 978-84-267-4192-9
DL: B 6746-2026

Impreso en Ulzama Digital
Printed in Spain

Libro ecológico
Impreso con papel procedente de bosques gestionados
de manera eficiente, libre de cloro

Contenido

CAPÍTULO 1

MOTOR DE ROTOR DE JAULA DE ARDILLA

1.1 Introducción

El motor de rotor jaula de ardilla es uno de los tipos más comunes y versátiles de motores eléctricos de corriente alterna (CA). Su popularidad se debe a su robustez, bajo coste y simplicidad en el diseño y funcionamiento. Este motor es esencial en numerosas aplicaciones industriales y comerciales debido a su fiabilidad y capacidad para operar en condiciones variadas.

1.2 Alcance

Se trata de explorar el motor de rotor de jaula de ardilla abordando su construcción, funcionamiento y características técnicas. Se examinan sus ventajas y desventajas, así como sus aplicaciones en diversos sectores industriales y comerciales, con el objetivo de proporcionar una comprensión completa de este tipo de motor para su adecuada selección y uso en diferentes contextos.

1.3 Motor jaula de ardilla

En el rotor de jaula de ardilla, los conductores de este están conectados en corto circuito en ambos extremos mediante anillos continuos (de aquí su nombre de «jaula de ardilla»). En los rotores más grandes, los anillos extremos se sueldan con los conductores, en lugar de ser vaciados. Las barras de rotor de jaula de ardilla no siempre son paralelas a la longitud axial del rotor. Pueden estar desviadas cierto ángulo con el eje del rotor para evitar los saltos y producir un par más uniforme (Kosow, 1980).

Figura 1.1 Motor jaula de ardilla.

Fuente: Tomado de *Mantenimiento Eléctrico (2022), mantenimientoelectrico.com.*

1.4 Estructura del motor de rotor de jaula de ardilla

Los motores de rotor de jaula de ardilla constan de dos partes principales:

- **Estator:** Si un devanado bifásico también está desplazado físicamente 90° en un estator, se producirá un campo rotatorio constante (sección 10-5) porque las corrientes de fase también están desplazadas en el tiempo. (Kosow, 1980).

- **Rotor de jaula de ardilla:** está formado por un conjunto de barras conductoras dispuestas longitudinalmente y unidas en ambos extremos mediante anillos de cortocircuito. Esta estructura, similar a una jaula, constituye un rotor simple, robusto y altamente confiable. Cuando el motor está en funcionamiento, el campo magnético giratorio del estator induce corrientes en las barras del rotor; estas corrientes, a su vez, generan un campo magnético propio que interactúa con el campo del estator, produciendo el par electromagnético que permite la rotación del motor. Este principio de funcionamiento es característico de los motores de inducción y explica su amplia aplicación industrial debido a su durabilidad y bajo mantenimiento (Chapman, 2017).

Estas y otras partes importantes en la estructura del motor jaula de ardilla se muestran a continuación en la Figura 1.2.

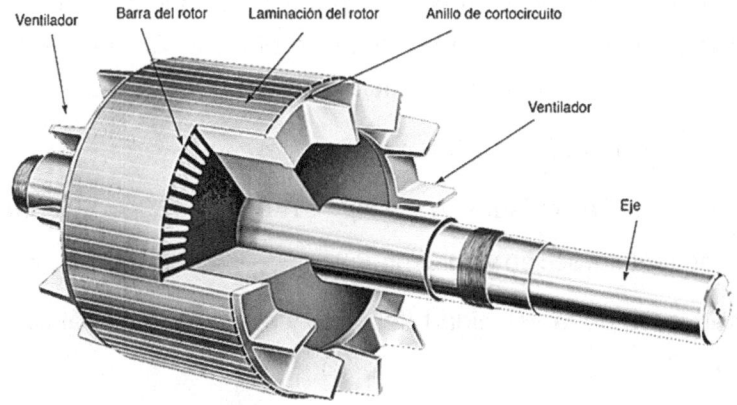

Figura 1.2 Rotor jaula de ardilla. Bibliografía al final

Fuente: Tomado de *Ingenieria Rename, 2020*. renamecr.com

1.5 Velocidad y deslizamiento

- **Velocidad síncrona:** Es la velocidad síncrona del motor, es decir, la velocidad del campo magnético giratorio del estator. La fórmula de cálculo es la siguiente:

$$Ns = \frac{120 * f}{P}$$

donde:

- Ns es la velocidad síncrona en revoluciones por minuto (RPM).

- f es la frecuencia de CA en hercios (Hz).

- P es el número de polos del motor.

La velocidad síncrona es una característica fija del motor y depende de la frecuencia de suministro y del diseño del estator (Rodríguez, 2021).

- **Deslizamiento:** El deslizamiento es la diferencia entre la velocidad síncrona del rotor y la velocidad real. Se define como:

$$S = \frac{Ns - Nr}{Ns}$$

donde:

- Nr es la velocidad real de rotación del rotor (RPM).

- Ns es la velocidad sincrónica.

El deslizamiento es necesario para producir torque en un motor porque permite inducir una corriente eléctrica en el rotor. Durante la operación el deslizamiento varía con la carga del motor (Chapman, 2017).

Ej.: $N_s = 1500\ rpm$, $N_r = 1450\ rpm$

1. Diferencia de velocidades: $Ns - N_r = 1500 - 1450 = 50\ rpm$

2. Deslizamiento (fracción y porcentaje) $s = \dfrac{50}{1500} = 0.0333$, $s = 3.33\%$

El comportamiento de la velocidad del rotor y el campo magnético se ve mejor en la Figura 1.3.

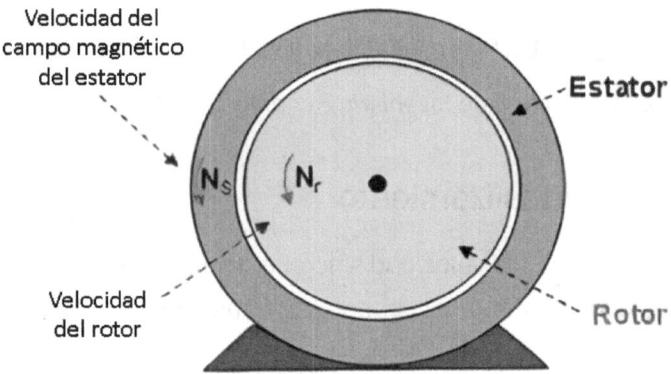

Figura 1.3 Velocidad del motor.

Fuente: Información tomada de Scherer, 2020. maquinaselectricas04.wordpress.com

1.6 Ventajas y desventajas

Ventajas

- **Diseño sencillo:** No hay escobillas ni anillos colectores en el rotor, lo que reduce el mantenimiento y mejora la fiabilidad del motor tal cual se muestra en la Figura 1.4.

- **Costes:** Su diseño simple y robusto reduce los costes de producción y mantenimiento respecto a otro tipo de motores. Esto hace que los motores de jaula de ardilla sean una opción asequible y fácil de usar para muchas aplicaciones industriales.

Desventajas

- **Control de velocidad:** El control preciso de la velocidad es limitado. La velocidad del motor está determinada por la frecuencia de la corriente alterna y el número de polos del estator, por lo que, para cambiar la velocidad, a diferencia de otro tipo de motores, se debe ajustar la frecuencia de la corriente.

- **Desgaste del rotor:** Aunque el rotor está diseñado para ser duradero, puede desgastarse con el tiempo debido al calor y las corrientes inducidas, especialmente con arranques y paradas frecuentes. Puede requerir reparación o reemplazo (Chapman, 2017).

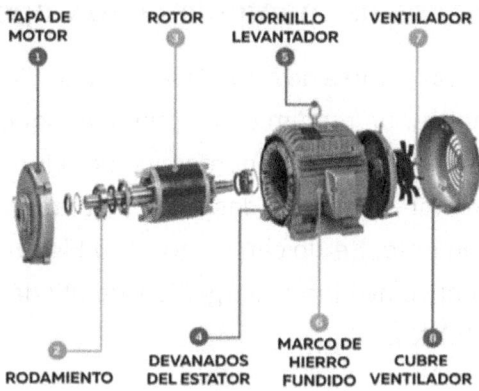

Figura 1.4 Composición del motor.

Fuente: Información tomada de Ruben David Daza, 2024.

1.7 Aplicaciones industriales

Los motores de rotor de jaula de ardilla se utilizan ampliamente en diversas aplicaciones industriales debido a su confiabilidad, eficiencia y coste reducido. Algunas aplicaciones típicas incluyen:

- **Bombas:** Se utilizan en sistemas de suministro de fluidos que van desde el bombeo de agua hasta fluidos químicos.

- **Ventiladores y compresores:** Sistemas de ventilación y compresión de aire utilizados en procesos industriales (Figura 1.5).

- **Transportadores:** Se utilizan para mover materiales en líneas de producción y sistemas de manejo de materiales (Martínez, 2023).

Figura 1.5 Ventiladores.

Fuente: Tomado de Scherer, 2020. maquinaselectricas04.wordpress.com

1.8 Consideraciones de mantenimiento y operación

El mantenimiento de los motores de rotor de jaula de ardilla incluye inspecciones periódicas para garantizar un rendimiento óptimo. Aunque el mantenimiento es bajo, aún se deben revisar componentes como el rotor y el sistema de ventilación para detectar signos de desgaste y garantizar que el motor esté funcionando correctamente. Se ubican como en la Figura 1.6. Las prácticas de mantenimiento preventivo ayudan a alargar la vida útil del motor y mantener su rendimiento (López, 2020).

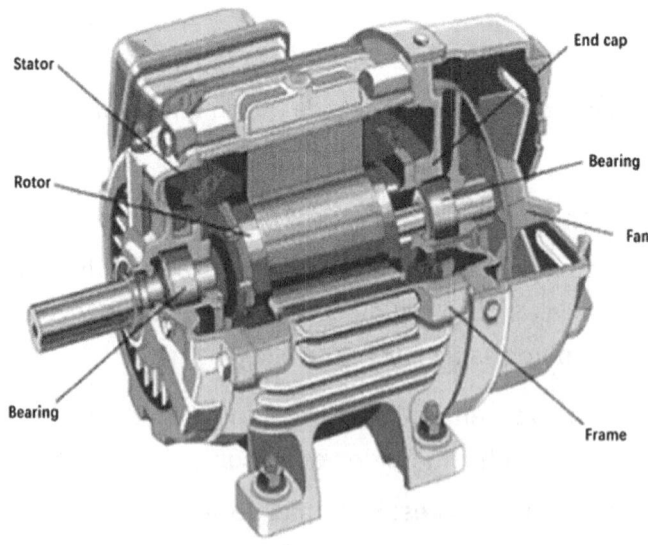

Figura 1.6 Motores de inducción de jaula de ardilla. Mantenimiento.

Fuente: Tomado de Matan, 2023 (comercial@compraco.com).

1.9 Actividades prácticas

- **Caso 1.** Motor de rotor de jaula de ardilla

  Para comenzar, se procede a elaborar el diagrama partiendo de las líneas de alimentación trifásica y protección, asegurándose de que el esquema incluya todos los elementos esenciales para el circuito de potencia tal como se muestra en la Figura 1.7.

Figura 1.7 Líneas de alimentación.

Fuente: Sánchez, F (2024). Simulación de motor [autoría propia].

Se coloca un disyuntor en el diagrama (Figura 1.8). Este dispositivo es crucial para proteger el circuito al comparar la intensidad de la corriente que circula con la capacidad nominal del disyuntor, y desconecta el circuito en caso de sobrecarga.

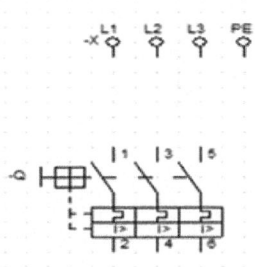

Figura 1.8 Disyuntor.

Fuente: Sánchez, F (2024). Simulación de motor [autoría propia].

A continuación, se insertan dos dispositivos de maniobra electromagnéticos. El objetivo de este componente es abrir o cerrar los circuitos de potencia, permitiendo así controlar la alimentación del motor de forma segura y efectiva.

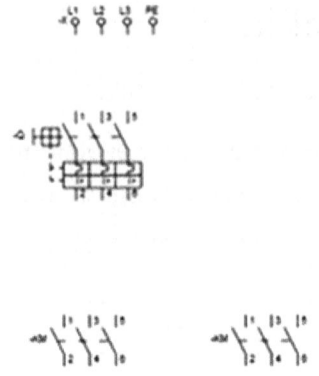

Figura 1.9 Contactor triple.

Fuente: Sánchez, F (2024). Simulación de motor [autoría propia].

Posteriormente, se agrega un contactor y un relé térmico al diagrama, y se conectan al motor tal como se muestra en la Figura 1.10. Esto completa el circuito de potencia para el arranque de un motor trifásico con rotor de jaula de ardilla, permitiendo también la inversión de giro.

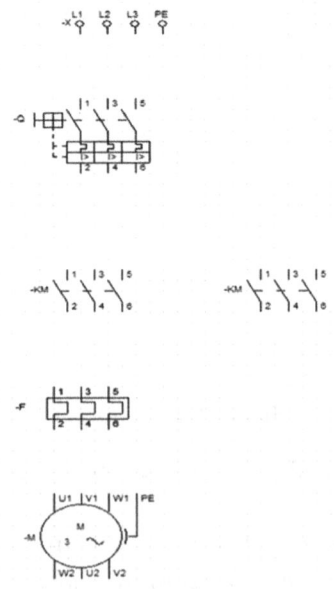

Figura 1.10 Relé térmico y motor jaula de ardilla.

Fuente: Sánchez, F (2024). Simulación de motor [autoría propia].

Se realizan las conexiones necesarias del circuito de potencia con todos los componentes instalados, de manera que cada elemento esté correctamente conectado para garantizar el funcionamiento del sistema, todo esto mostrado en la Figura 1.11.

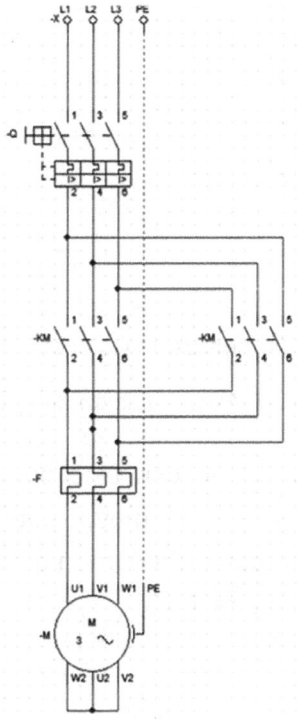

Figura 1.11 Circuito de potencia.

Fuente: Sánchez, F (2024). Simulación de motor [autoría propia].

A continuación, se procede a añadir todos los componentes necesarios para el circuito de control del motor trifásico de jaula de ardilla. Esto incluye los botones de inicio y parada, así como los indicadores de estado.

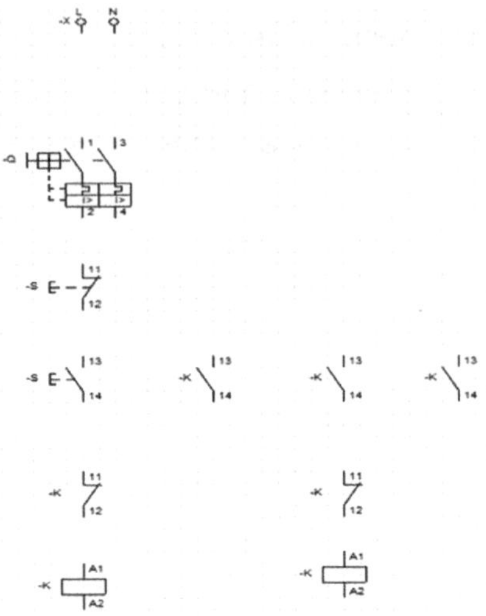

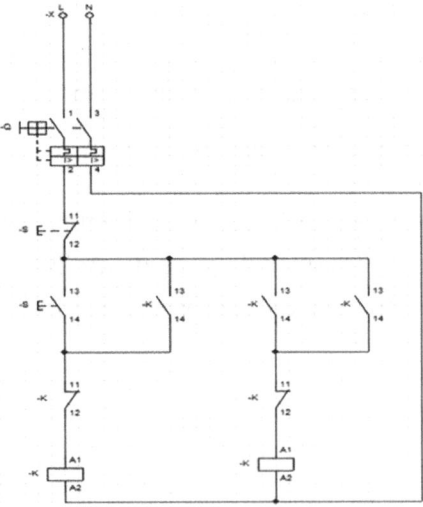

Figura 1.12 Elementos de los circuitos de control.

Fuente: Sánchez, F (2024). Simulación de motor [autoría propia].

Se realiza la conexión de acuerdo con el circuito de control. Este paso es fundamental para garantizar que el motor pueda encenderse y apagarse correctamente, incluyendo un botón de parada que se activa en situaciones de emergencia, mostrado en la Figura 1.13.

Figura 1.13 Conexión del circuito de control.

Fuente: Sánchez, F (2024). Simulación de motor [autoría propia].

Una vez finalizado el proceso de conexión entre el circuito de potencia y el de control, se realiza una simulación para comprobar si el diagrama está correctamente configurado, con objeto de identificar cualquier falla o error que pueda presentarse.

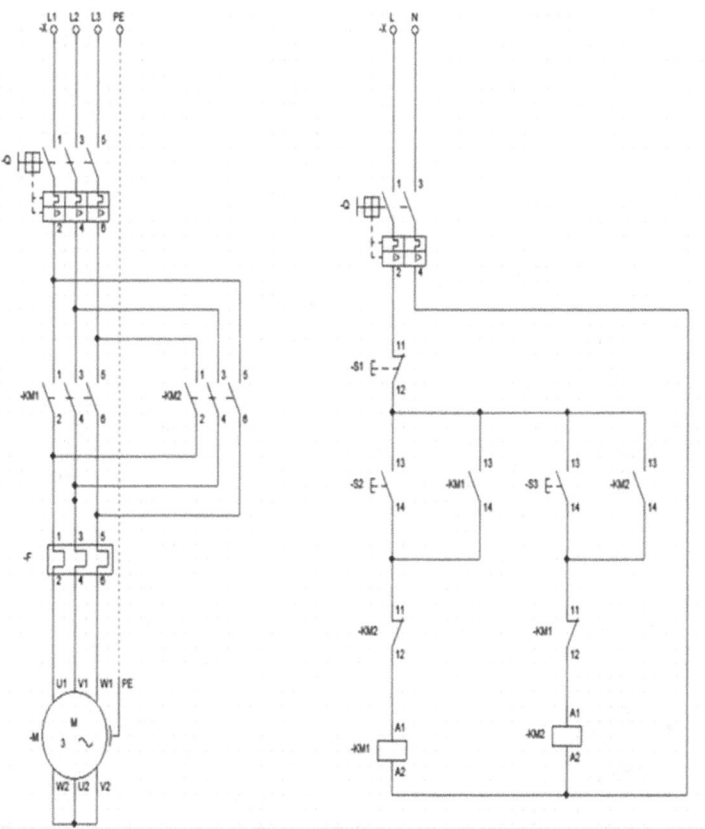

Figura 1.14 Circuito de potencia y circuito de control.

Fuente: Sánchez, F (2024). Simulación de motor [autoría propia].

En la simulación de la Figura 1.15, se puede observar que el diagrama está correctamente configurado, lo que permite que el motor arranque y funcione según lo esperado. El botón de paro se activa únicamente en caso de errores o daños.

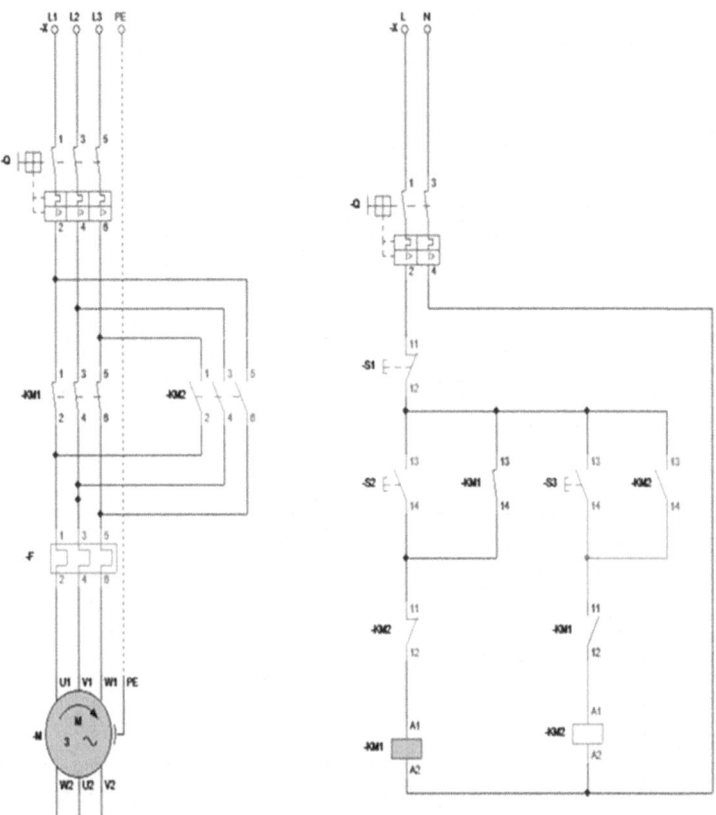

Figura 1.15 Inicio de la simulación.

Fuente: Sánchez, F (2024). Simulación de motor [autoría propia].

Finalmente, se concluye que el diseño del sistema para el motor trifásico con rotor de jaula de ardilla está bien realizado, por lo que se implementará esta práctica en los paneles de control del instituto sin cometer errores.

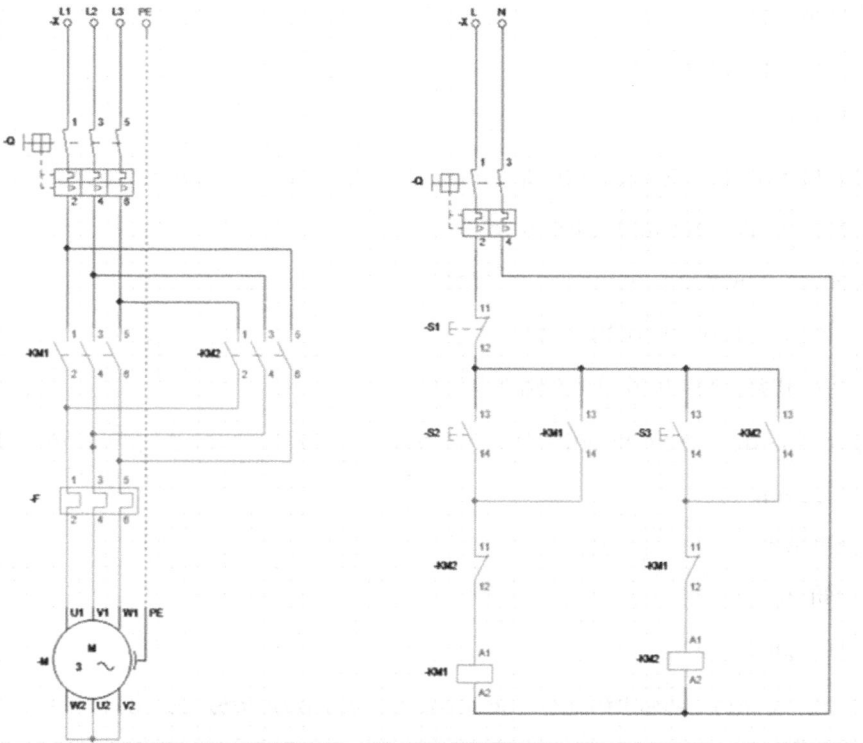

Figura 1.16 Finalización de la simulación.

Fuente: Sánchez, F (2024). Simulación de motor [autoría propia].

1.10 Actividades de aprendizaje y evaluación

Indique si las siguientes afirmaciones son verdaderas o falsas

1. El rotor de un motor de jaula de ardilla está hecho de barras metálicas.　　　　( )

2. Los motores de rotor de jaula de ardilla suelen ser más económicos que otros tipos de motores.　　　　( )

3. Los motores de rotor de jaula de ardilla tienen un sistema de escobillas para el funcionamiento.　　　　( )

Seleccione la respuesta correcta según corresponda:

4. ¿Qué parte del motor de jaula de ardilla está formada por barras metálicas?

    a) Estator

    b) Rotor

    c) Condensador

    d) Escobillas

5. ¿Cuál es una desventaja de los motores de rotor de jaula de ardilla?

    a) No requieren mantenimiento

    b) No se pueden ajustar fácilmente

    c) Tienen un bajo coste inicial

    d) Son más eficientes en carga baja

6. ¿Qué tipo de mantenimiento requiere un motor de rotor de jaula de ardilla?

    a) Regular

    b) Extremo

    c) Mínimo

    d) Ninguno

7. ¿Cuál es una característica positiva de los motores de rotor de jaula de ardilla?

    a) Mayor complejidad

    b) Menor eficiencia

    c) Menor mantenimiento

    d) Mayor coste

1.11 Conclusiones

El motor de rotor de jaula de ardilla destaca como una solución robusta y versátil en aplicaciones industriales y comerciales, gracias a su diseño sencillo, bajo coste y alta fiabilidad. Su operación basada en la inducción electromagnética garantiza un rendimiento eficiente en condiciones variadas, aunque presenta limitaciones en el control preciso de velocidad debido a su dependencia de la frecuencia de la corriente alterna. La estructura simple del rotor, sin escobillas ni anillos colectores, reduce el mantenimiento y prolonga su vida útil, aunque el desgaste por corrientes inducidas y arranques frecuentes requiere inspecciones periódicas para asegurar un funcionamiento óptimo. Su aplicación en bombas, ventiladores y transportadores demuestra su adaptabilidad a cargas diversas, consolidándolo como un componente esencial en sistemas industriales. Este análisis sienta las bases para explorar tecnologías complementarias, como variadores de frecuencia o motores de mayor eficiencia, que podrían superar sus limitaciones en control de velocidad. En conjunto, el motor de jaula de ardilla sigue siendo una opción preferente por su equilibrio entre coste, durabilidad y rendimiento, especialmente en entornos donde la simplicidad y la confiabilidad son prioritarias.

CAPÍTULO 2

PRINCIPIOS DE FUNCIONAMIENTO DE UN MOTOR TRIFÁSICO EN ARRANQUE DIRECTO

2.1 Introducción

El arranque de un motor monofásico puede tener un impacto considerable en su rendimiento y vida útil. Existen diversos métodos para iniciar el motor, cada uno con características y aplicaciones específicas. Entre estos, el arranque directo se destaca como uno de los métodos más simples y directos, mientras que otros enfoques ofrecen soluciones más avanzadas para optimizar el proceso de arranque.

¿Sabías qué...?

El arranque directo es común en aplicaciones en las que no se requieren ajustes complejos en el inicio del motor y una corriente de arranque elevada no representa un problema significativo. En situaciones que demandan un control más preciso, se pueden emplear métodos de arranque más sofisticados, como el arranque estrella-triángulo o el uso de variadores de frecuencia, para gestionar la corriente de arranque y el par del motor.

2.2 Alcance

El arranque de un motor monofásico consiste en conectar el motor directamente a la red eléctrica, permitiendo recibir la tensión completa desde el inicio. Este método es sencillo y económico, aunque puede resultar en una corriente de arranque elevada y un par de arranque significativo. Generalmente, se utiliza en aplicaciones donde la alta corriente de arranque no es un inconveniente y la simplicidad es un factor clave.

2.3 Motor trifásico

Un motor eléctrico trifásico es un tipo de motor de corriente alterna (AC) que utiliza una fuente de alimentación trifásica. Este motor convierte la energía eléctrica en energía mecánica mediante la interacción de campos magnéticos. Los motores trifásicos son extremadamente comunes en aplicaciones industriales y comerciales debido a varias razones:

- **Campo magnético rotativo:** Como se puede observar en la Figura 2.1, la alimentación trifásica produce tres corrientes alternas que están desfasadas entre sí en 120 grados eléctricos. Cuando estas corrientes pasan a través de las bobinas del estator, crean un campo magnético rotativo. Este campo gira a una velocidad constante, determinada por la frecuencia de la red eléctrica y el número de polos del motor. El campo magnético rotativo es esencial para el funcionamiento del motor porque induce una corriente en el rotor, dicha corriente origina el par motor que provoca su giro (Martínez, 2022).

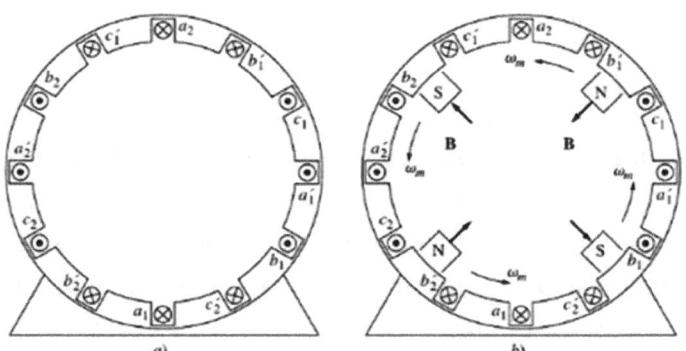

Figura 2.1 Campo magnético giratorio creado por una corriente trifásica.

Fuente: Reproducida de Chapman, 2012, (p. 344).

a) Un devanado de estator de cuatro polos simple.

b) Los polos magnéticos del estator resultantes. Nótese que hay polos en movimiento que alternan polaridad cada 90° alrededor de la superficie del estator.

- **Eficiencia y rendimiento:** Los motores trifásicos son más eficientes que los motores monofásicos debido a su diseño. En la Figura 2.2, se pueden observar los componentes de un motor trifásico. La conexión trifásica permite una distribución uniforme de la carga y minimiza las pérdidas de energía. Además, los motores trifásicos ofrecen un rendimiento constante y una mayor capacidad de arrastre en comparación con los motores monofásicos.

- **Simplicidad y robustez:** La construcción del motor trifásico es relativamente simple y su diseño robusto lo hace adecuado para entornos industriales severos. La simplicidad en el diseño también contribuye a su coste relativamente bajo (Martínez, 2022).

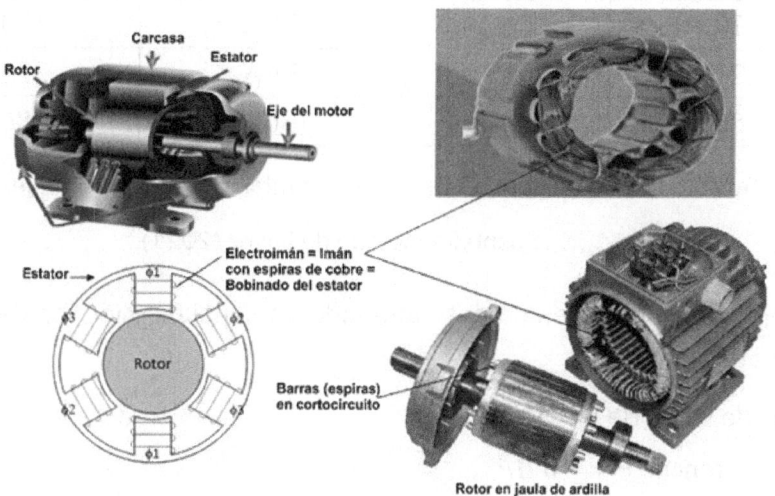

Figura 2.2 Componentes de un motor trifásico.

Fuente: Información tomada de Ruben David Daza, 2024, (p 348).

2.4 Arranque directo

El arranque directo es uno de los métodos más básicos y comunes para poner en marcha un motor trifásico. Este método implica conectar el motor directamente a la red eléctrica trifásica sin ningún tipo de dispositivo adicional que controle la corriente de arranque. La teoría detrás de este método se basa en los siguientes conceptos:

Corriente de arranque: Durante el arranque, el motor trifásico enfrenta una resistencia mínima porque el rotor está detenido y no ofrece oposición al flujo de corriente. Como resultado, la corriente de arranque puede ser entre cinco y siete veces la corriente nominal del motor. En la Tabla 2.1 se detallan unos valores típicos de corriente de diferentes potencias para motores de inducción. Esta alta corriente puede generar caídas de tensión en la red y afectar a otros equipos conectados a la misma red (López, 2021).

Potencia nominal (HP)	Tensión (V)	Corriente nominal (A)	Corriente de arranque (A) ($\approx 6 \times In$)
1 HP	220 V	3.4 A	20 A
5 HP	220 V	14.8 A	90 A
10 HP	220 V	28 A	170 A
20 HP	220 V	54 A	320 A
50 HP	220 V	130 A	780 A

Tabla 2.1 Tipos de pérdidas en un motor trifásico y sus porcentajes típicos.

Fuente: Adaptado de López (2021).

Ejemplo de cálculo de corriente tomando en consideración los datos de placa del motor.

Datos de placa de un motor:

- Potencia: $P = 10\ HP$
- Tensión: $V_L = 220\ V$
- Corriente nominal: $IN = 28\ A$
- Factor de potencia: $\cos\varphi = 0.85$
- Eficiencia: $\eta = 0.9$
- Tipo de arranque: directo a línea

Solución:

$$Iarranque = k \times IN$$

donde:

k = multiplicador de corriente de arranque (típicamente entre 5 y 7)

Iarranque = 6 × 28 = 168 A

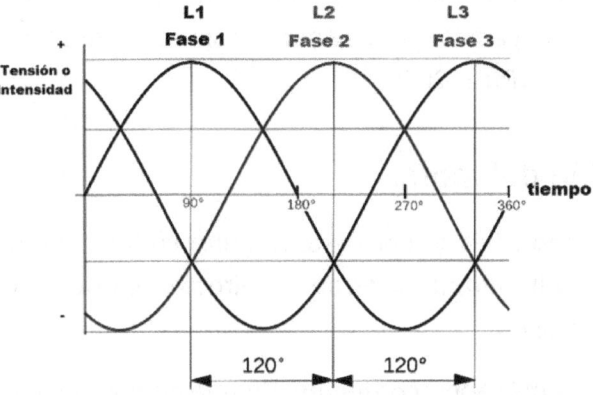

Figura 2.3 Sistema trifásico de corriente alterna.

Fuente: Información tomada de *areatecnologia*, 2024 (p. 348).

Voltaje de arranque: En el arranque directo, el motor recibe el voltaje completo de la red trifásica, como se observa en la Figura 2.3, desde el primer momento. Esto asegura que el motor tenga suficiente par para superar la inercia del rotor y cualquier carga conectada. El voltaje completo también contribuye a un arranque más rápido del motor (Ruiz, 2023).

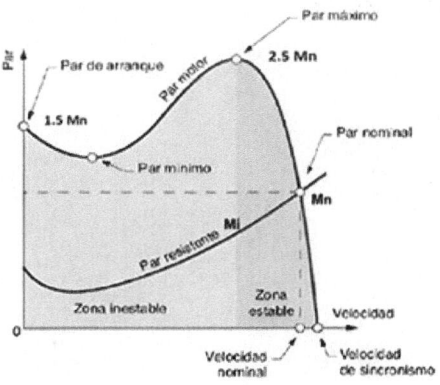

Figura 2.4 Curva de par motor.

Fuente: Información tomada de *Formación Para La Industria*, 2014, (p. 348).

Par de arranque: Como se puede observar en la Figura 2.4, el par de arranque es el par necesario para iniciar el movimiento del rotor desde el reposo. En el arranque directo, este par es más alto que el par de funcionamiento normal, ya que el motor está comenzando desde una condición de reposo. La capacidad del motor para generar este par de arranque depende de la corriente de arranque y de la capacidad del campo magnético rotativo para inducir el movimiento del rotor (Ruiz, 2023).

2.5 Protección del motor

La protección del motor es crucial para asegurar su funcionamiento seguro y prolongar su vida útil. Durante el arranque directo, se deben considerar las siguientes protecciones:

- **Protección contra sobrecorrientes:** Un relé de sobrecarga detecta cuando la corriente supera los niveles normales y desconecta el motor para evitar daños. La sobrecorriente puede ser causada por condiciones anormales como un atasco en el rotor o un funcionamiento en condiciones sobrecargadas (Torres, 2022).

- **Interruptor termomagnético:** Este dispositivo proporciona protección contra cortocircuitos y sobrecargas. Actúa automáticamente desconectando el circuito en caso de sobrecorriente o cortocircuito. Esto protege tanto al motor como a los componentes eléctricos de daños potenciales (Torres, 2022).

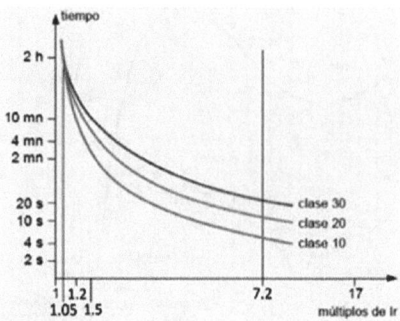

Figura 2.5 Curvas de protecciones termomagnéticas.

Fuente: Información tomada de *Formación Para La Industria*, 2014.

2.6 Cálculo de la corriente de arranque

La corriente de arranque de un motor trifásico puede calcularse mediante una fórmula simplificada, aunque, en la práctica, los datos exactos se obtienen de las especificaciones del motor. La fórmula básica es:

$$I_{arr} = k * I_{nom}$$

donde:

I_{arr} es la corriente de arranque.

K es la constante de arranque entre 5 y 7.

I_{nom} es la corriente nominal del motor.

Dado que la resistencia del motor es muy baja cuando está detenido (porque el rotor está frío y no tiene carga), la corriente de arranque será alta. Esta alta corriente puede causar caídas de tensión en el sistema eléctrico y potencialmente afectar a otros equipos (Thompson, 2021).

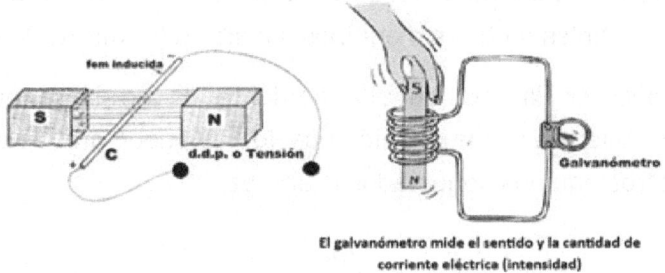

El galvanómetro mide el sentido y la cantidad de corriente eléctrica (intensidad)

Figura 2.6 Experimento de Faraday.

Fuente: Información tomada de *areatecnologia*, 2024.

En la Figura 2.6, se puede observar el principio de la inducción electromagnética descubierto por Faraday. Este explica cómo, al aplicar corriente alterna trifásica al estator de un motor, se genera un campo magnético rotatorio que induce corriente en el rotor, permitiendo así su arranque (Faraday, 1831).

2.7 Ventajas y desventajas

El arranque directo tiene varias ventajas y desventajas que deben ser consideradas:

- Ventajas:

    - **Simplicidad:** La configuración del arranque directo es simple, sin necesidad de dispositivos adicionales o controles complejos. Esto facilita la instalación y el mantenimiento (Roberts, 2020).

    - **Coste bajo:** El arranque directo es una de las opciones más económicas para poner en marcha un motor, ya que no requiere equipos adicionales como arrancadores suaves o variadores de frecuencia (Ramírez, 2021).

- Desventajas:

    - **Corriente de arranque alta:** La corriente de arranque alta puede causar caídas de tensión en la red eléctrica y potencialmente dañar el motor u otros componentes eléctricos. Esto puede ser un problema en redes con múltiples motores o equipos sensibles (Ramírez, 2021).

    - **Impacto en la red:** La alta corriente de arranque puede generar perturbaciones en la red eléctrica, lo que puede afectar el rendimiento de otros equipos conectados (Ramírez, 2021).

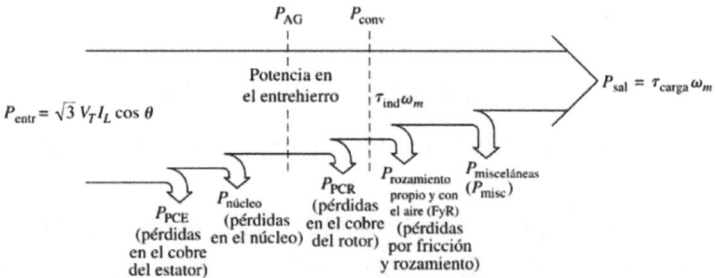

Figura 2.7 Pérdidas de motor trifásico.

Fuente: Adaptado de Chapman (2012).

Los porcentajes típicos de pérdidas en motores trifásicos, como las pérdidas en el cobre, hierro y mecánicas, varían según el diseño del motor, pero suelen encontrarse en los rangos mostrados en la Tabla 2.1 (Chapman, 2012).

Tipo de pérdida	Símbolo o nombre común	Descripción	Porcentaje típico
Pérdidas en el cobre	Cu	Calentamiento resistivo en los devanados (efecto Joule)	25–35%
Pérdidas en el hierro	Fe	Por histéresis y corrientes parásitas en el núcleo del estator y rotor	15–25%
Pérdidas mecánicas	-	Fricción en rodamientos y ventilación del motor	5–15%
Pérdidas adicionales	-	Por armónicos, desequilibrios u otros efectos menores no considerados	1–5%

Tabla 2.2 Tipos de pérdidas en un motor trifásico y sus porcentajes típicos.

Fuente: Adaptado de Chapman (2011).

2.8 Alternativas al arranque directo

Para aplicaciones donde la alta corriente de arranque es problemática, existen métodos alternativos:

- **Arranque estrella-triángulo:** En la Figura 2.8, se puede observar el método arranque estrella-triángulo, el cual reduce la corriente de arranque al conectar el motor inicialmente en configuración estrella, lo que reduce el voltaje aplicado al motor. Después de que el motor alcanza una velocidad estable, se cambia a la configuración triángulo para operar a pleno voltaje. Este método es efectivo para reducir la corriente de arranque y el impacto en la red (Ruiz, 2023).

- **Arrancadores suaves:** Utilizan componentes electrónicos para limitar la corriente de arranque y proporcionar un arranque más suave. Estos dispositivos permiten un arranque gradual, reduciendo la tensión en la red y el impacto en el motor (Lee y Zhao, 2019).

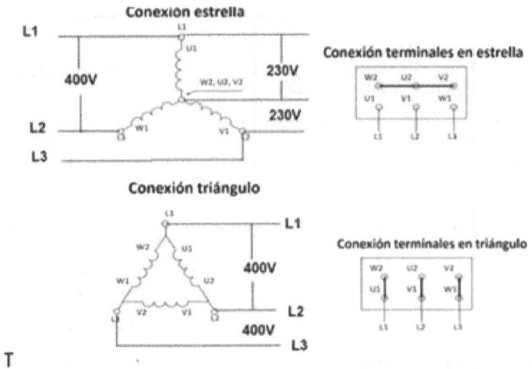

Figura 2.8 Conexión estrella-triángulo.

Fuente: Información tomada de Gabriela, 2021.

- **Variadores de frecuencia:** Permiten un control preciso de la velocidad del motor y la corriente de arranque mediante la regulación de la frecuencia y el voltaje suministrado al motor. Los variadores de frecuencia ofrecen un arranque y parada suaves, y también permiten el ajuste de la velocidad del motor durante el funcionamiento (Ruiz, 2023).

- **Arranque directo:** El arranque directo es adecuado para aplicaciones donde la alta corriente de arranque no es un problema significativo y donde la simplicidad y el coste son factores clave. Para aplicaciones más críticas o para motores de mayor potencia, se deben considerar métodos de arranque que minimicen la corriente de arranque y el impacto en la red eléctrica. La Figura 2.9 presenta las curvas características de arranque de un motor trifásico,

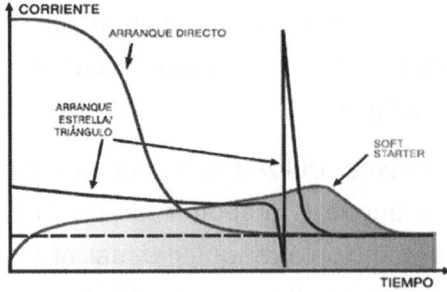

Figura 2.9 Curvas de arranque.

Fuente: Información tomada de KingDom Electrical technologies.

2.9 Variador de frecuencia

Un variador de frecuencia (VFD) es un dispositivo electrónico de potencia que permite controlar la velocidad y el par de un motor de corriente alterna (CA) regulando la frecuencia y la tensión suministrada al motor. Está basado en la conversión de energía eléctrica mediante un proceso de tres etapas:

1. **Rectificación (AC → DC):** La corriente alterna de entrada se convierte en corriente continua mediante un puente rectificador, que puede estar compuesto por diodos o tiristores.

2. **Filtro de enlace de corriente continua (DC Link):** Se utiliza un banco de condensadores para suavizar y almacenar la energía, eliminando así ondulaciones del voltaje.

3. **Inversor (DC → AC):** Mediante transistores de potencia (IGBT o MOSFET), se convierte la señal continua en una señal alterna con frecuencia y tensión variables. La modulación por ancho de pulso (PWM) es comúnmente usada para esta tarea.

2.10 Aplicaciones del variador de frecuencia

- Control de velocidad en bombas, ventiladores, compresores y cintas transportadoras.
- Ahorro de energía en sistemas con cargas variables.
- Reducción de picos de corriente durante el arranque.
- Mejora del control de procesos industriales (Petruzella, 2005).

2.11 Actividades prácticas

- **Caso 2.** Motor trifásico en arranque directo

  Se identifican y colocan las tres líneas de alimentación necesarias para suministrar energía al motor y sus componentes, como se puede observar en la Figura 2.10.

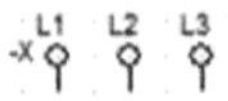

Figura 2.10 Alimentación trifásica.

Fuente: Sánchez, F (2024). Simulación de motor [autoría propia].

Como se observa en la Figura 2.11, se incorpora un disyuntor en el diagrama, el cual cumple la función de proteger tanto a las personas como al circuito mediante la desconexión automática en situaciones de sobrecarga.

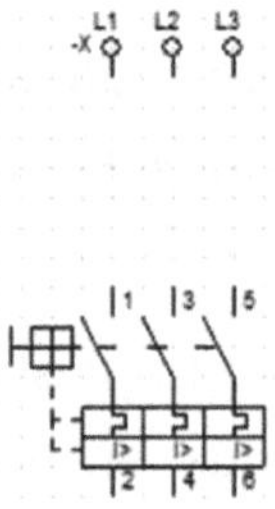

Figura 2.11 Disyuntor.

Fuente: Sánchez, F (2024). Simulación de motor [autoría propia].

Se incorpora un contactor, como se muestra en la Figura 2.12, el cual posibilita la apertura o cierre del circuito de potencia, por lo que se trata de un elemento fundamental para el control seguro de la alimentación del motor.

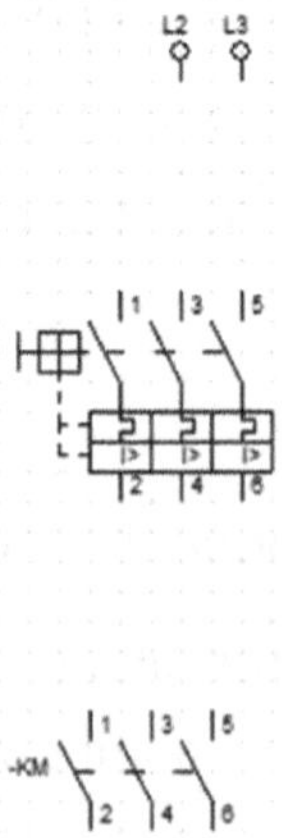

Figura 2.12 Contacto III.

Fuente: Sánchez, F (2024). Simulación de motor [autoría propia].

Se incorpora un relé térmico, como se muestra en la Figura 2.13, con el objetivo de proteger el motor ante sobrecargas y elevadas temperaturas, asegurando así un funcionamiento seguro del sistema.

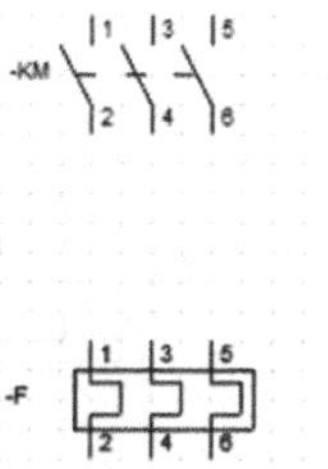

Figura 2.13 Relé térmico.

Fuente: Sánchez, F (2024). Simulación de motor [autoría propia].

Se incorpora un motor trifásico, tal como se muestra en la Figura 2.14, el cual se encarga de convertir la energía eléctrica en energía mecánica a través del funcionamiento sincronizado de tres corrientes alternas.

Figura 2.14 Motor trifásico.

Fuente: Sánchez, F (2024). Simulación de motor [autoría propia].

Se realiza la conexión de los dispositivos previamente colocados, como se observa en la Figura 2.15, empleando el cableado indicado por el software, con lo cual se da por completado el diagrama de potencia.

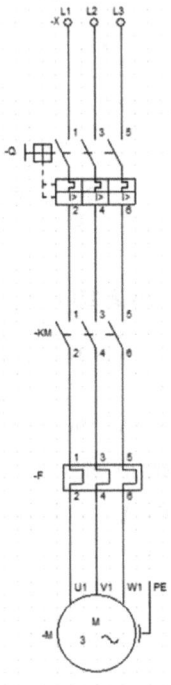

Figura 2.15 Conexión de circuito de potencia.

Fuente: Sánchez, F (2024). Simulación de motor [autoría propia].

Se procede a la elaboración del diagrama de control, tal como se aprecia en la Figura 2.16. Se inicia con una fase de alimentación y se incorpora un disyuntor destinado a la protección del circuito de control.

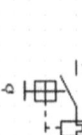

Figura 2.16 Alimentación y disyuntor.

Fuente: Sánchez, F (2024). Simulación de motor [autoría propia].

Se incorpora un relé térmico con contacto normalmente cerrado, junto con un pulsador con contactos normalmente cerrado y abierto, como se muestra en la Figura 2.17, encargado de controlar la alimentación del motor. Este último componente garantiza que la energía fluya únicamente al ser accionado.

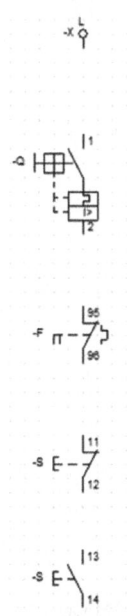

Figura 2.17 Relé térmico y pulsadores NA/NC.

Fuente: Sánchez, F (2024). Simulación de motor [autoría propia].

Se coloca un contacto normalmente abierto y una bobina, según se observa en la Figura 2.18, la cual almacenará energía en forma de campo magnético, completando así el circuito de control.

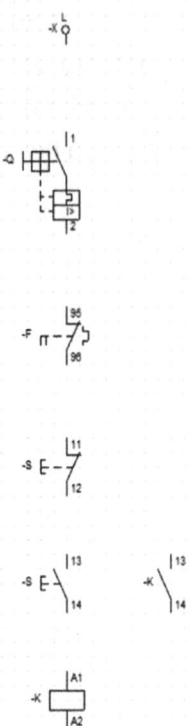

Figura 2.18 Contacto y bobina.

Fuente: Sánchez, F (2024). Simulación de motor [autoría propia].

Se efectúan las conexiones correspondientes del circuito de control, integrando todos los componentes instalados, entre ellos los pulsadores de inicio y parada, como se puede observar en la Figura 2.19.

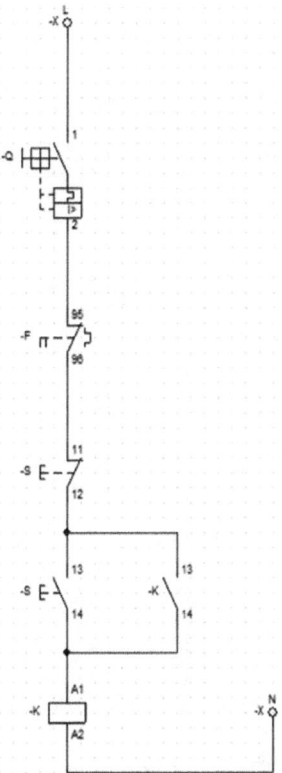

Figura 2.19 Conexión de circuito de control.

Fuente: Sánchez, F (2024). Simulación de motor [autoría propia].

Una vez completados los circuitos de potencia y control, se lleva a cabo la simulación correspondiente, según se observa en la Figura 2.20, con el fin de verificar la correcta configuración del diagrama y detectar posibles errores.

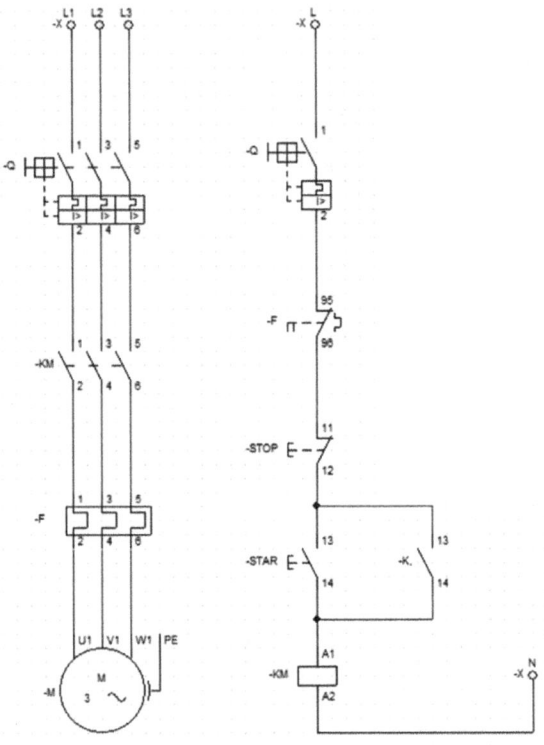

Figura 2.20 Circuito de potencia y de control.

Fuente: Sánchez, F (2024). Simulación de motor [autoría propia].

Tal y como se aprecia en la Figura 2.21, se confirma que, al cerrar el disyuntor en el diagrama de fuerza, el disyuntor en el diagrama de control se cierra automáticamente, lo que indica que el sistema está integrado correctamente.

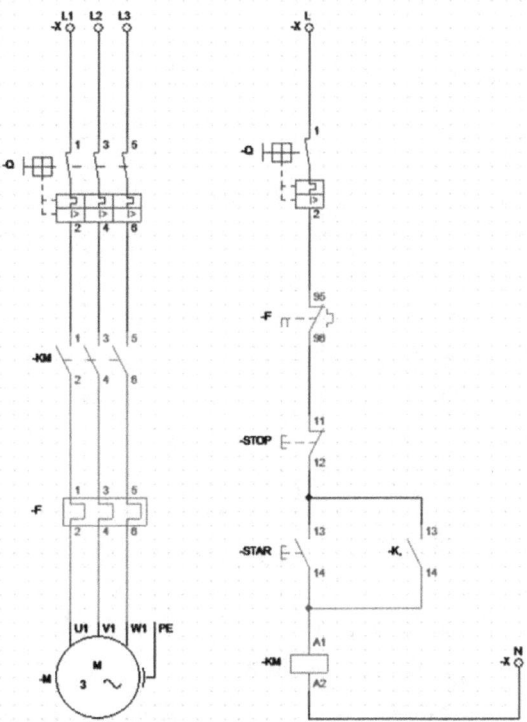

Figura 2.21 Simulación, activación de disyuntores simultáneamente.

Fuente: Sánchez, F (2024). Simulación de motor [autoría propia].

Como se muestra en la Figura 2.22, se realiza la simulación y se observa el arranque directo del motor. El pulsador START activa la bobina, lo que provoca que el motor comience a girar, mientras que el pulsador STOP detiene su funcionamiento.

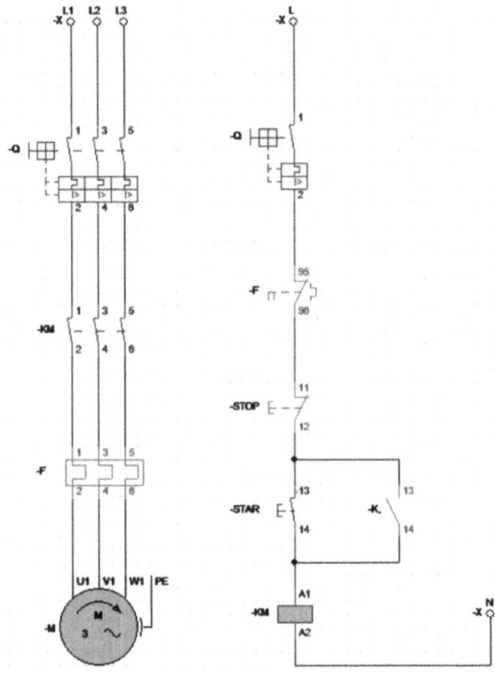

Figura 2.22 Arranque directo de motor trifásico.

Fuente: Sánchez, F (2024). Simulación de motor [autoría propia].

Tal y como se observa en la Figura 2.23, se comprueba el correcto funcionamiento del sistema, para garantizar que el diagrama ha sido elaborado adecuadamente y se encuentra listo para su implementación en condiciones reales.

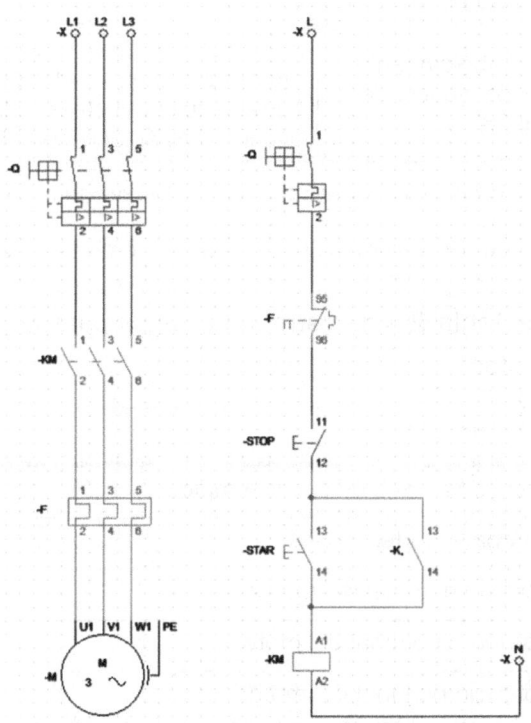

Figura 2.23 Simulación, stop de arranque directo.

Fuente: Sánchez, F (2024). Simulación de motor [autoría propia].

Macros de Conexión

- **Cn001:** BOP como la única fuente de regulación

  - **Elementos previos a la realización de la práctica Cn001:**

    En la Tabla 2.3, se observan los códigos para restaurar los ajustes predeterminados del variador de frecuencia Siemens V20:

Parámetro	Función	Configuración
P0003	Nivel de acceso de usuario	= 1 (nivel de acceso de usuario estándar)
P0010	Parámetro de puesta en marcha	= 30 (ajuste de fábrica)
P0970	Restablecimiento de los ajustes de fábrica	= 21: Restablecimiento de los parámetros a sus ajustes predeterminados de fábrica mediante el borrado de los ajustes predeterminados del usuario si están almacenados

Tabla 2.3 Códigos de restauración de los ajustes predeterminados de fábrica.

Fuente: Información tomada de Siemens, 2023.

La siguiente Tabla 2.4 muestra los códigos para la configuración de los datos del motor:

Parámetro	Función	Ajuste
P0010	Inicio de puesta en servicio rápido	1
P0100	Europa – Norteamérica	1
P0304	Tensión nominal del motor	220 V
P0305	Corriente nominal del motor	3.20 A
P0307	Potencia nominal del motor	1 hp
P0310	Frecuencia nominal del motor	60 Hz
P0311	Velocidad nominal del motor	1705 rpm
P0700	Selección de la frecuencia de órdenes	1
P1000	Selección de la frecuencia de la carga de frecuencia	1
P1080	Frecuencia mínima del motor	0 – 60 Hz
P1082	Frecuencia máxima del motor	0 – 60 Hz
P1120	Tiempo de aceleración	10 S
P1121	Tiempo de desaceleración	12 S
P3900	Finalización de puesta en servicio rápido	1

Tabla 2.4 Códigos de Configuración del motor.

Fuente: Sánchez, F (2024). Simulación de motor [autoría propia].

En la Figura 2.24, se observa el diagrama de conexión para la práctica de Cn001:

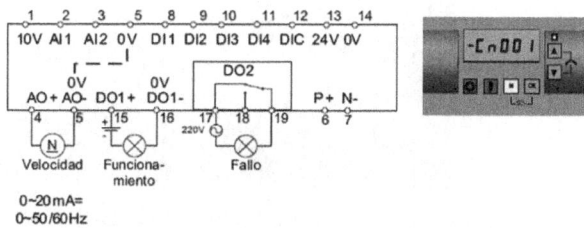

Figura 2.24 Diagrama de conexión de Cn001.

Fuente: Información tomada de Siemens, 2023.

- **Práctica Cn001**

Para la configuración del macro Cn001, se seleccionan los siguientes componentes: un motor trifásico, un variador de frecuencia y una fuente de alimentación, como puede verse en la Figura 2.25. Se verifica que cada componente sea compatible y se encuentre en buen estado.

Figura 2.25 Componentes para Cn001.

Fuente: Sánchez, F (2024). Simulación de motor [autoría propia].

Se enciende la fuente de alimentación y se realiza la conexión del variador de frecuencia, cerciorándose de que todos los cables estén adecuadamente instalados, tal y como se aprecia en la Figura 2.26.

Figura 2.26 Fuente de alimentación.

Fuente: Sánchez, F (2024). Simulación de motor [autoría propia].

En la Figura 2.27, se muestra el reseteo del variador de frecuencia para comenzar con una configuración limpia. A continuación, se ingresan los parámetros del motor en el variador, de acuerdo con las especificaciones de la placa de datos del motor.

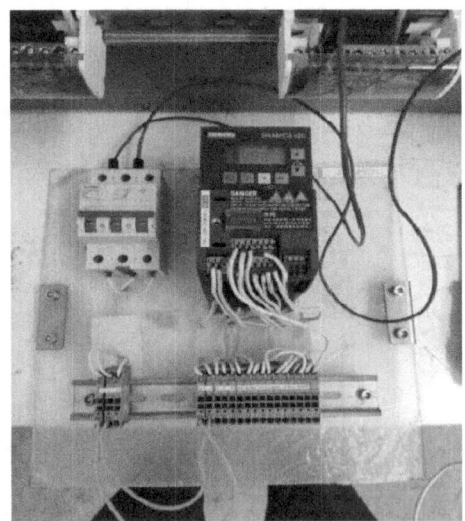

Figura 2.27 Reseteo variador de frecuencia.

Fuente: Sánchez, F (2024). Simulación de motor [autoría propia].

Se realiza la conexión del Cn001 para su correcto funcionamiento, siguiendo el diagrama incluido en el manual del variador, tal como se muestra en la Figura 2.28.

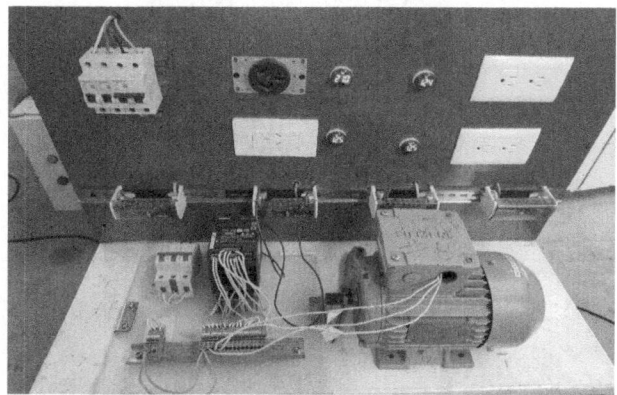

Figura 2.28 Conexión Cn001.

Fuente: Sánchez, F (2024). Simulación de motor [autoría propia].

Se selecciona el macro Cn001, como se muestra en la Figura 2.29 y se ingresa la configuración correspondiente, lo que permite realizar pruebas de funcionamiento.

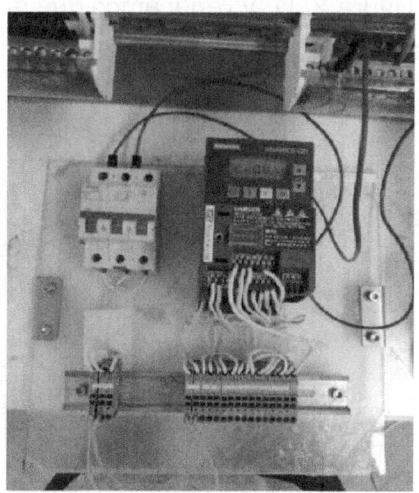

Figura 2.29 Iniciar Cn001.

Fuente: Sánchez, F (2024). Simulación de motor [autoría propia].

Se presiona el botón de inicio en el variador, tal y como se muestra en la Figura 2.30, observando cómo el motor comienza a funcionar y su frecuencia aumenta gradualmente hasta alcanzar los 60 Hz.

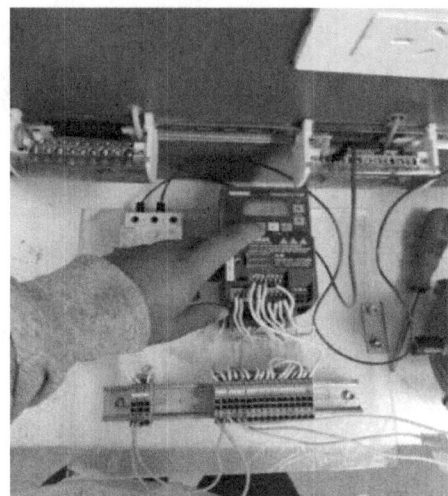

Figura 2.30 Inicio del variador.

Fuente: Sánchez, F (2024). Simulación de motor [autoría propia].

Para detener el motor, presionamos el botón de parada, según como se observa en la Figura 2.31, y verificamos que la frecuencia disminuya de manera controlada.

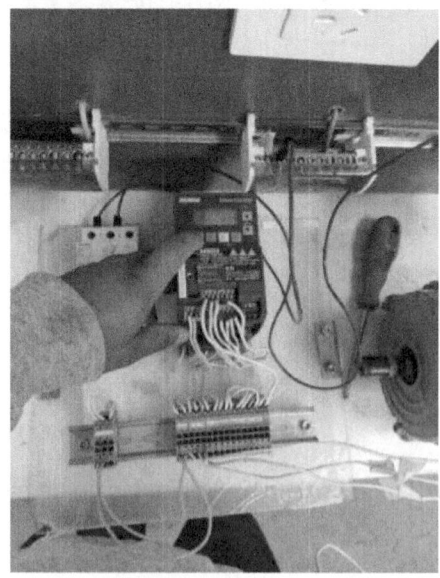

Figura 2.31 Detener el variador.

Fuente: Sánchez, F (2024). Simulación de motor [autoría propia].

Esta configuración que se muestra en la Figura 2.32 se valida y se autoriza para su uso en los laboratorios del Instituto Superior Tecnológico Cotopaxi.

Figura 2.32 Finalización de la práctica.

Fuente: Sánchez, F (2024). Simulación de motor [autoría propia].

- **Cn002:** Control desde los bornes (PNP/NPN)

  - **Elementos previos a la realización de la práctica Cn002:**

    En las figuras 2.33 y 2.34, se muestran los elementos que se requieren para la práctica Cn002.

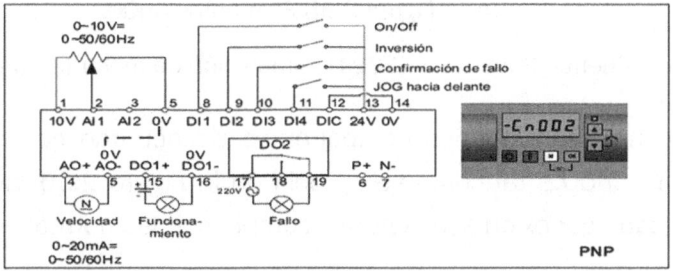

Figura 2.33 Diagrama Cn002 PNP.

Fuente: Información tomada de Siemens, 2023.

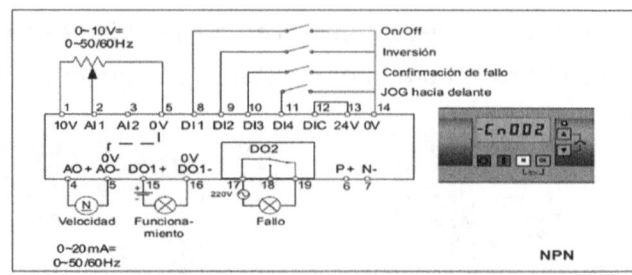

Figura 2.34 Diagrama Cn002 NPN.

Fuente: Información tomada de Siemens, 2023.

- **Práctica Cn002**

En la Figura 2.35, se muestra la configuración del macro Cn002, donde se integran los siguientes elementos: un motor trifásico, un variador de frecuencia, selectores, una fuente de alimentación y un potenciómetro.

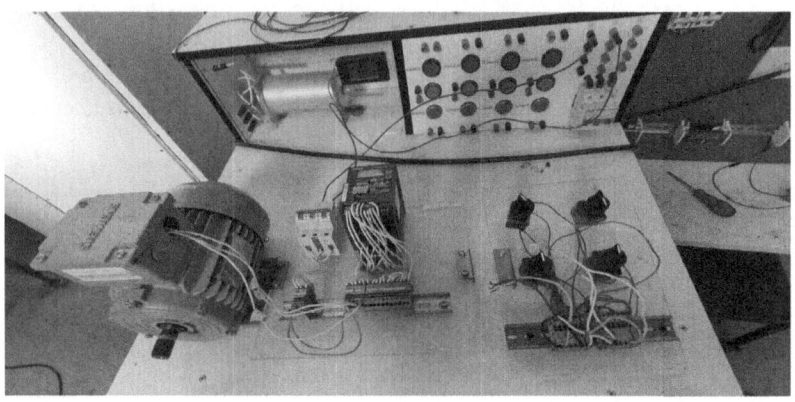

Figura 2.35 Elementos Cn002.

Fuente: Sánchez, F (2024). Simulación de motor [autoría propia].

Se conectan todos los componentes de acuerdo con el diagrama del macro Cn002, tal como se aprecia en la Figura 2.36, asegurándose de que cada conexión sea segura y cumpla con las normativas aplicables.

Figura 2.36 Inicio de Cn002.

Fuente: Sánchez, F (2024). Simulación de motor [autoría propia].

Como se puede observar en la Figura 2.37, se inicia el macro Cn002 y se observa cómo el motor se activa mediante un selector, mientras la frecuencia es ajustada con el potenciómetro. Se registra un consumo de corriente de 1.86 A.

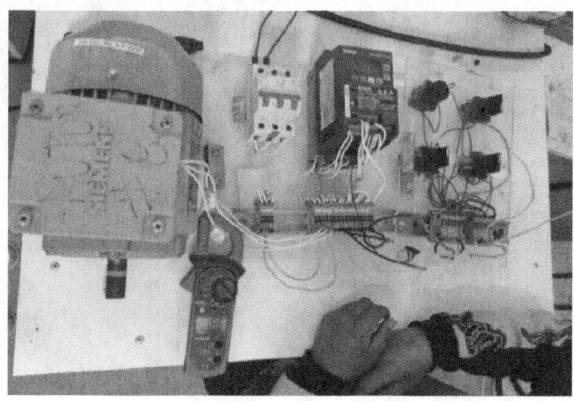

Figura 2.37 Conexión de Cn002.

Fuente: Sánchez, F (2024). Simulación de motor [autoría propia].

Como se muestra en la Figura 2.38, se emplea un segundo selector para invertir la dirección de giro del motor, lo cual es indicado por el variador de frecuencia. Nuevamente, la frecuencia se ajusta mediante el potenciómetro y el motor registra un consumo de corriente de 1.95 A.

Figura 2.38 Inversión de giro.

Fuente: Sánchez, F (2024). Simulación de motor [autoría propia].

Como se puede ver en la Figura 2.39, se realiza una segunda conexión alternativa dentro del macro Cn002, en la cual los selectores operan de manera diferente, pero se logra el mismo resultado funcional.

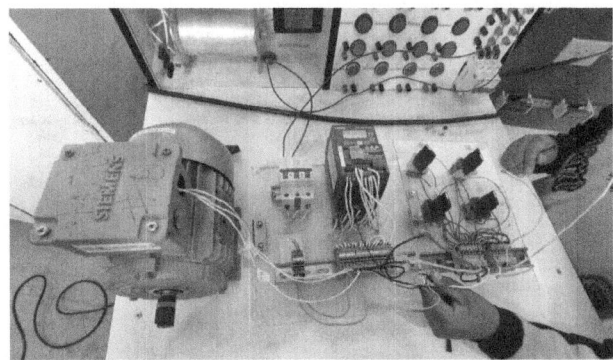

Figura 2.39 Conexión Cn002 NPN.

Fuente: Sánchez, F (2024). Simulación de motor [autoría propia].

Tal y como se muestra en la Figura 2.40, se utiliza un segundo selector para invertir la dirección de giro del motor, lo cual es indicado por el variador de frecuencia. Además, la frecuencia se ajusta nuevamente mediante el potenciómetro y el motor presenta un consumo de corriente de 1.93 A.

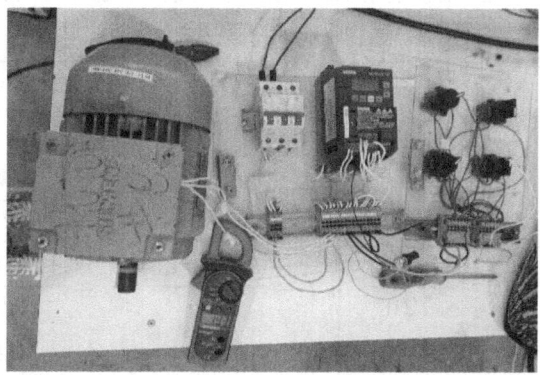

Figura 2.40 Funcionamiento del motor trifásico.

Fuente: Sánchez, F (2024). Simulación de motor [autoría propia].

Al finalizar, se devuelve el selector de inversión de giro a su posición original y se confirma que el motor ha retomado su dirección inicial.

- **Cn003:** Velocidades fijas

- **Elementos previos a la realización de la práctica Cn003:**

    En la Figura 2.41, se muestran los elementos necesarios para la práctica Cn003.

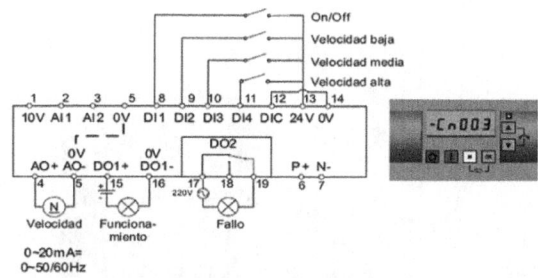

Figura 2.41 Diagrama de conexión Cn003.

Fuente: Información tomada de Siemens, 2023.

En la Tabla 2.5 se muestra la fórmula y el cálculo de la frecuencia, donde:

f: Frecuencia eléctrica (unidad: **Hertz, Hz**).

n: Velocidad mecánica de rotación del eje (unidad: **revoluciones por minuto, rpm**).

NP: Número de pares de polos del generador o motor (unidad: **adimensional,** es simplemente un número entero como 2, 4, etc.).

Fórmula
$$f = \dfrac{n\,NP}{120}$$

$f = \dfrac{n\,NP}{120}$	$f = \dfrac{n\,NP}{120}$	$f = \dfrac{n\,NP}{120}$
$f = \dfrac{4(300)}{120}$	$f = \dfrac{4(750)}{120}$	$f = \dfrac{4(1500)}{120}$
$f = 10\,Hz$	$f = 25\,Hz$	$f = 50\,Hz$

Tabla 2.5 Fórmula de frecuencia.

Fuente: Sánchez, F (2024). Simulación de motor [autoría propia].

- **Práctica Cn003**

En la configuración del macro Cn003, elegimos un motor trifásico, un variador de frecuencia, selectores y una fuente de alimentación. Se verifica que cada componente esté asegurado antes de comenzar.

Tal y como se aprecia en la Figura 2.42, se enciende el variador de frecuencia y se ingresa al macro Cn003, para realizar la conexión según las indicaciones.

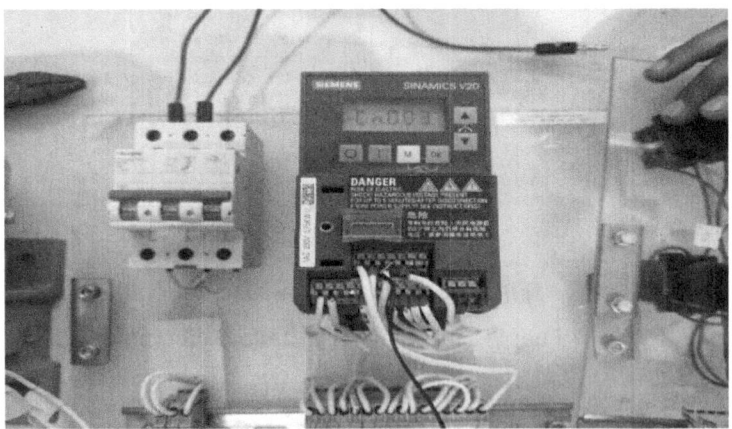

Figura 2.42 Inicio de Cn003.

Fuente: Sánchez, F (2024). Simulación de motor [autoría propia].

Según se observa en la Figura 2.43, se realiza la conexión del Cn003 para su correcto funcionamiento, siguiendo el diagrama del manual del variador, y se visualiza una corriente de 0 A para verificar que el sistema se encuentra apagado.

Figura 2.43 Conexión de la práctica.

Fuente: Sánchez, F (2024). Simulación de motor [autoría propia].

Se activan los selectores uno por uno, como se aprecia en la Figura 2.44, observando cómo el primero energiza el motor sin provocar su giro y cómo el segundo inicia el motor a una velocidad baja de 10 Hz.

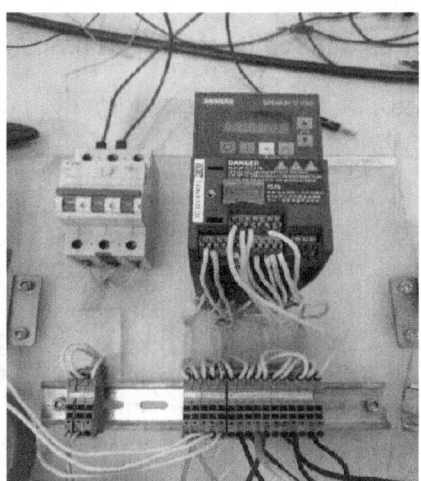

Figura 2.44 Velocidad baja.

Fuente: Sánchez, F (2024). Simulación de motor [autoría propia].

Puede verse en la Figura 2.45 que se procede con el tercer selector, que incrementa la velocidad a un nivel intermedio de 35 Hz, mostrando un consumo de corriente de 1.76 A. Finalmente, el cuarto selector eleva la velocidad a su nivel máximo de 50 Hz, con un consumo de 1.94 A.

Figura 2.45 Velocidad alta.

Fuente: Sánchez, F (2024). Simulación de motor [autoría propia].

Cada velocidad puede ser ajustada según las necesidades del proyecto, lo que proporciona flexibilidad en la operación del motor.

- **Cn004:** Modo binario de velocidad fija

  - **Elementos previos a la realización de la práctica Cn004.**

    En la Figura 2.46, se muestran los elementos necesarios para la práctica Cn004.

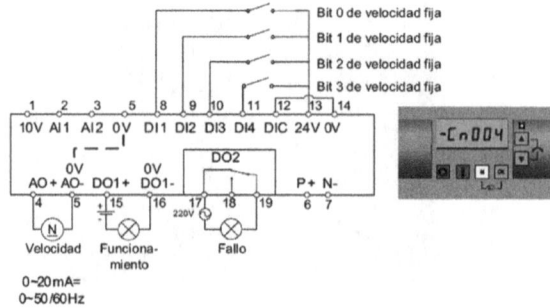

Figura 2.46 Diagrama de conexión Cn004.

Fuente: Información tomada de Siemens, 2023.

La Tabla 2.6 muestra que se puede poner 50 Hz, pero también se puede colocar el valor que sea.

Selector 1	Selector 2	Selector 3	Selector 4	Espacio de memoria para frecuencia
1	0	0	0	1
0	1	0	0	2
1	1	0	0	3
0	0	1	0	4
1	0	1	0	5
0	1	1	0	6
1	1	1	0	7
0	0	0	1	8
1	0	0	1	9
0	1	0	1	10
1	1	0	1	11
0	0	1	1	12
1	0	1	1	13
0	1	1	1	14
1	1	1	1	15

Tabla 2.6 Tabla de bits.

Fuente: Sánchez, F (2024). Simulación de motor [autoría propia].

- **Practica Cn004**

En la Figura 2.47 se muestra que para la configuración del macro Cn004 se seleccionan un motor trifásico, un variador de frecuencia y selectores. Se asegura que cada conexión cumpla con los estándares de seguridad y eficiencia requeridos.

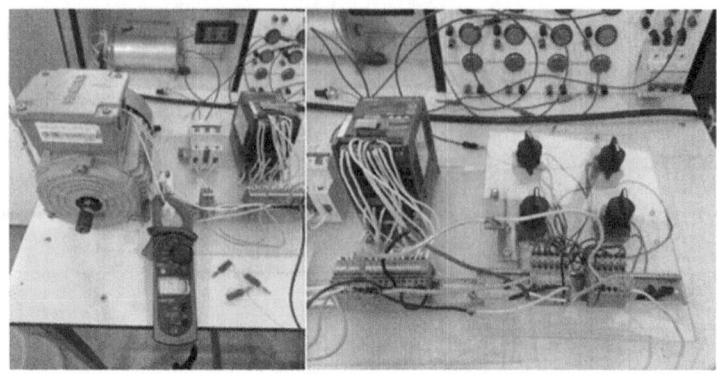

Figura 2.47 Elementos para Cn004.

Fuente: Sánchez, F (2024). Simulación de motor [autoría propia].

Tal y como se muestra en la Figura 2.48, se enciende el variador y se accede al macro Cn004, para iniciar la configuración y realizar las conexiones necesarias.

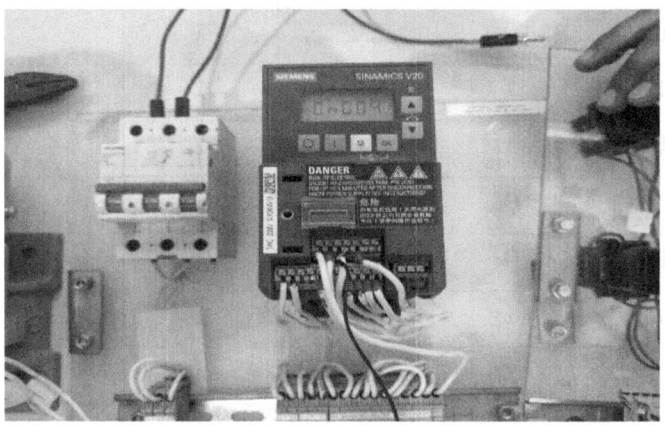

Figura 2.48 Inicio de Cn004.

Fuente: Sánchez, F (2024). Simulación de motor [autoría propia].

La Figura 2.49 muestra que, al activar el primer selector, se obtiene una frecuencia de 10 Hz, mientras que el segundo selector incrementa la velocidad a 15 Hz. Cuando ambos selectores están activos, la figura indica una frecuencia combinada de 25 Hz. Además, se visualiza un consumo de corriente de 1.10 A, correspondiente a esa condición de operación.

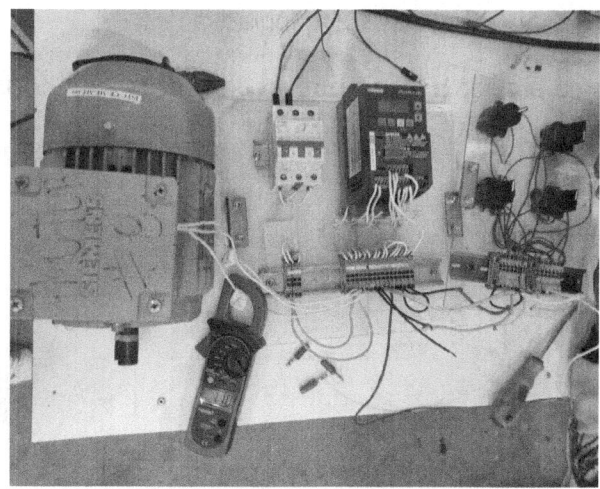

Figura 2.49 Conexión de Cn004.

Fuente: Sánchez, F (2024). Simulación de motor [autoría propia].

La Figura 2.50 muestra que, al activarse los dos últimos selectores, la velocidad del motor alcanza los 50 Hz y se visualiza un consumo de corriente de 1.93 A.

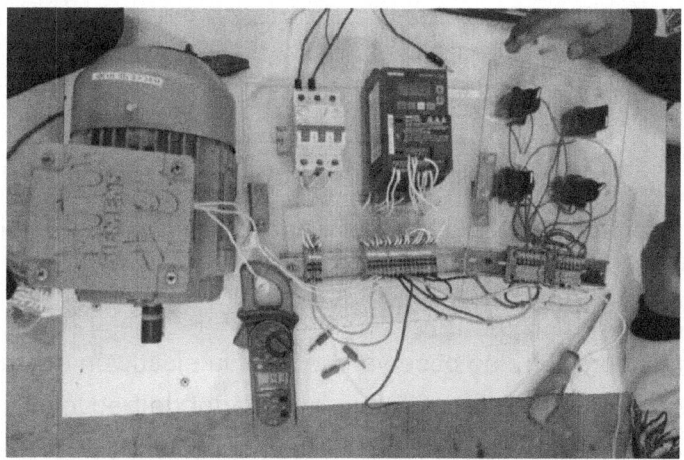

Figura 2.50 Mayor frecuencia configurada al motor.

Fuente: Sánchez, F (2024). Simulación de motor [autoría propia].

Se concluye la práctica asegurándose de que el variador de frecuencia y los selectores funcionen correctamente.

● **Cn005:** Entrada analógica y frecuencia fija

- **Elementos previos a la realización de la práctica Cn005**

En la Figura 2.51, se muestran los elementos necesarios para la práctica Cn005.

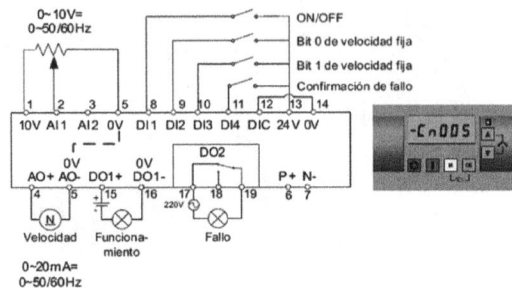

Figura 2.51 Diagrama de confección Cn005.

Fuente: Información tomada de Siemens, 2023.

En la Tabla 2.7 se muestran las frecuencias fijas.

Frecuencia fija 1	10
Frecuencia fija 2	25
Deshabilitación de consigna adicional	0

Tabla 2.7 Tabla de frecuencias fijas.

Fuente: Sánchez, F (2024). Simulación de motor [autoría propia].

- **Practica Cn005**

En la Figura 2.52 se observa que para la ejecución del macro Cn005, se seleccionan un motor trifásico, un variador de frecuencia, selectores y un potenciómetro. Se verifica la compatibilidad y el estado de cada componente.

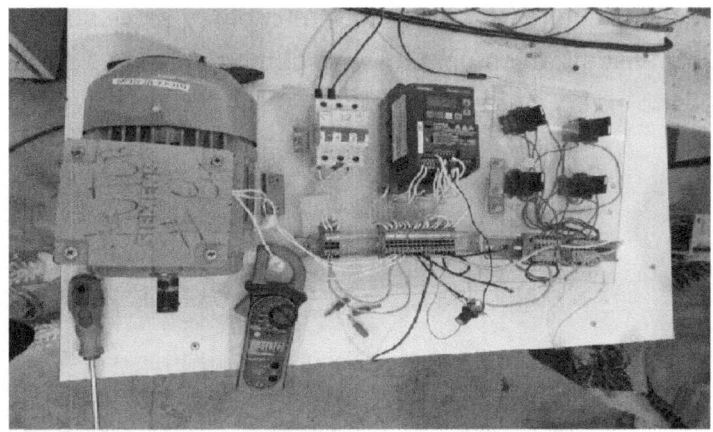

Figura 2.52 Elementos de Cn005.

Fuente: Sánchez, F (2024). Simulación de motor [autoría propia].

Se enciende el variador, se accede al macro Cn005 y realizamos la conexión del potenciómetro en serie con los demás componentes, tal y como se observa en la Figura 2.53.

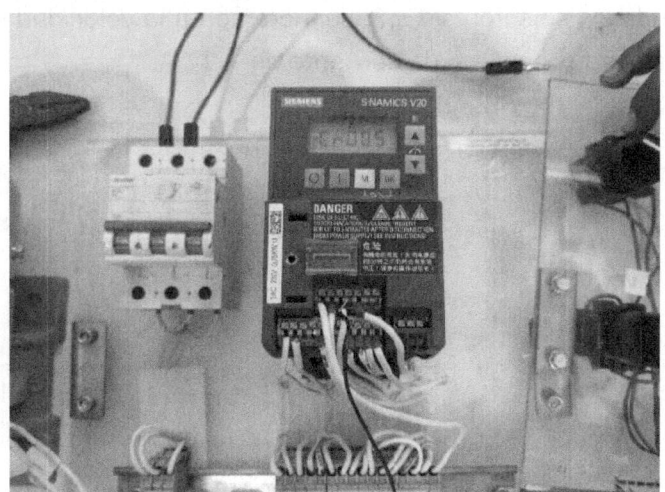

Figura 2.53 Inicio de Cn005.

Fuente: Sánchez, F (2024). Simulación de motor [autoría propia].

Con los selectores 1 y 2, se inicia el motor y se ajusta la velocidad hasta 10 Hz. Visualizamos un consumo de corriente de 1.10 A, tal y como se muestra en la Figura 2.54.

Figura 2.54 Funcionamiento de Cn005.

Fuente: Sánchez, F (2024). Simulación de motor [autoría propia].

Usando los selectores 1 y 3, se incrementa la velocidad hasta 25 Hz y se visualiza un consumo de corriente de 1.17 A.

Figura 2.55 Funcionamiento de frecuencia fija.

Fuente: Sánchez, F (2024). Simulación de motor [autoría propia].

Finalmente, al utilizar el potenciómetro, se puede ajustar la frecuencia del motor hasta 60 Hz, logrando así un control preciso de la velocidad. La Figura 2.56 muestra esta condición, en la cual se visualiza un consumo de corriente de 1.94 A.

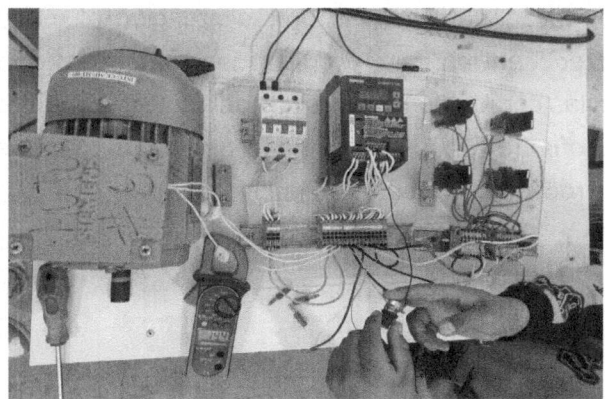

Figura 2.56 Frecuencia combinada.

Fuente: Sánchez, F (2024). Simulación de motor [autoría propia].

Se finaliza la práctica, verificando que todas las conexiones y ajustes se hayan realizado correctamente.

● **Modelado motor trifásico**

Se inicia el proceso abriendo Simcenter Motorsolve para la creación de un nuevo proyecto y seleccionamos la opción «Motor de inducción trifásico». Es fundamental realizar esta elección correctamente, ya que las características de este tipo de motor difieren notablemente de las de un motor monofásico, especialmente en aspectos como la distribución de fases y el rendimiento en aplicaciones industriales. Esta selección se puede observar en la Figura 2.57.

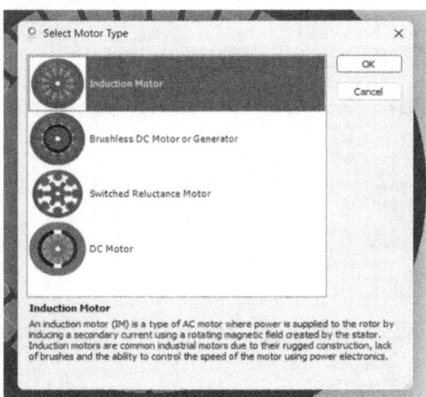

Figura 2.57 Motor de inducción.

Fuente: Sánchez, F (2024). Simulación de motor [autoría propia].

En la interfaz del software, se presta atención al menú lateral izquierdo, donde se encuentran las «Propiedades generales». En esta sección se configuran las características básicas del motor, las cuales sirven como base para las configuraciones posteriores y aseguran un modelado preciso. Esta etapa del proceso se muestra en la Figura 2.58.

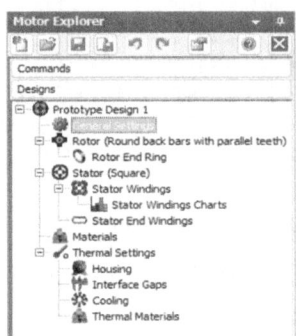

Figura 2.58 Configuración general del motor trifásico.

Fuente: Sánchez, F (2024). Simulación de motor [autoría propia].

En la Figura 2.59 se muestran las propiedades generales del motor trifásico, donde se ingresan los parámetros eléctricos fundamentales para su operación. En esta figura se establece un voltaje de operación de 20 V, una frecuencia de 60 Hz, una velocidad síncrona de 1705 RPM y se definen el número de polos (4) y el número de ranuras en el estator (36). Estos valores son cruciales, ya que determinan el funcionamiento y la eficiencia del motor bajo condiciones de carga.

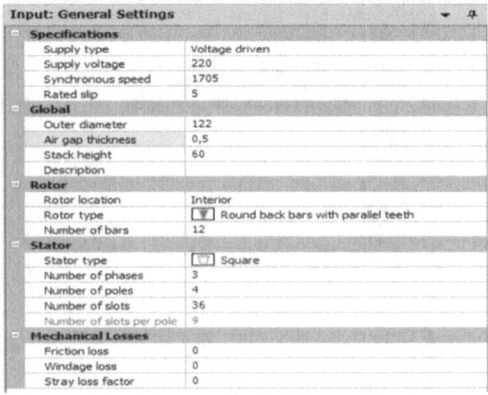

Figura 2.59 Configuración básica del motor trifásico.

Fuente: Sánchez, F (2024). Simulación de motor [autoría propia].

A continuación, en la Figura 2.60 se establece la profundidad de las ranuras del estator. Estas ranuras deben ser lo suficientemente profundas para alojar un número adecuado de vueltas de alambre, lo que permitirá generar un campo magnético robusto y estable en las tres fases.

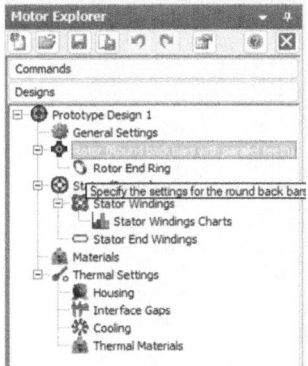

Figura 2.60 Configurar el rotor trifásico.

Fuente: Sánchez, F (2024). Simulación de motor [autoría propia].

En la Figura 2.61 se muestran herramientas de medición precisas para obtener el diámetro interno del rotor, el cual se ingresa en el software. Esta medida influye en la interacción entre el rotor y el estator, lo que afecta directamente a la eficiencia del motor, sobre todo en aplicaciones de alta carga.

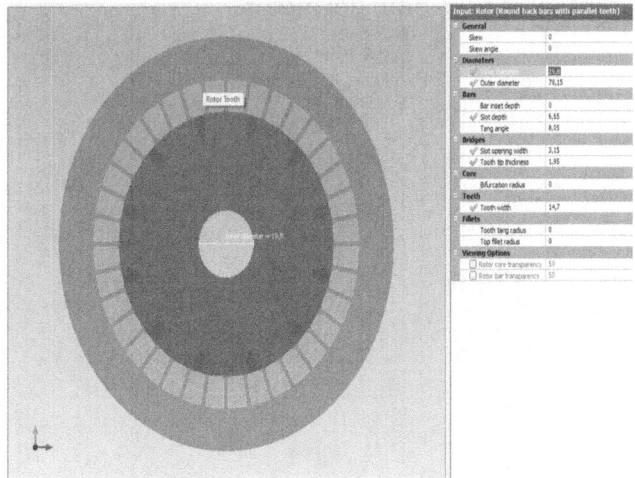

Figura 2.61 Diámetro interno del rotor trifásico.

Fuente: Sánchez, F (2024). Simulación de motor [autoría propia].

A continuación, en la Figura 2.62 se configura el diámetro externo del rotor en el software. Este parámetro es crucial, pues debe coincidir perfectamente con el diseño del estator para garantizar una operación suave y minimizar pérdidas por fricción y generación de calor.

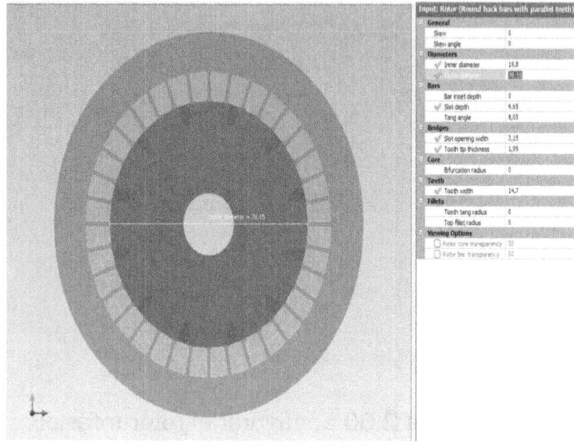

Figura 2.62 Diámetro externo del rotor trifásico.

Fuente: Sánchez, F (2024). Simulación de motor [autoría propia].

En la Figura 2.63 se procede a ingresar la profundidad de las ranuras del rotor. Este ajuste es vital para determinar la capacidad del rotor de generar el campo magnético necesario y soportar el flujo de corriente sin saturación, optimizando así el rendimiento del motor.

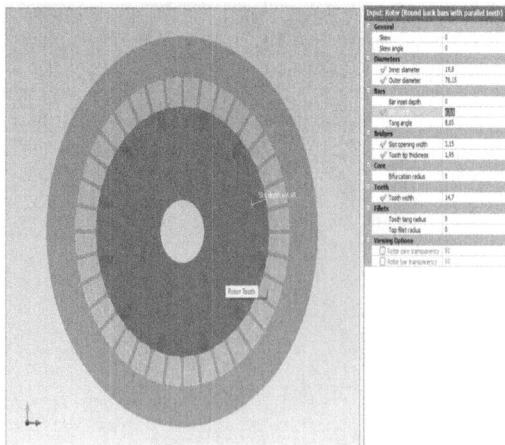

Figura 2.63 Profundidad de las ranuras de rotor trifásico.

Fuente: Sánchez, F (2024). Simulación de motor [autoría propia].

En la Figura 2.64 se configura el ancho entre dientes del rotor, el cual debe estar diseñado para maximizar el flujo magnético y minimizar las pérdidas por corrientes parásitas. Este parámetro impacta significativamente en la durabilidad y eficiencia energética del motor.

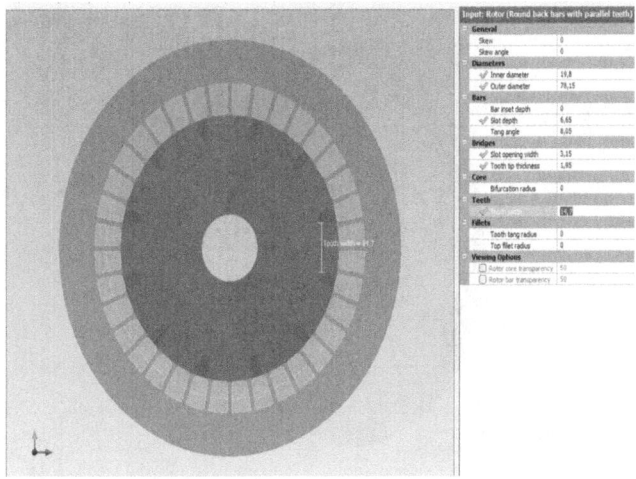

Figura 2.64 Ancho de los dientes del rotor trifásico.

Fuente: Sánchez, F (2024). Simulación de motor [autoría propia].

En la Figura 2.65 se muestra el menú para seleccionar la opción «Estator». En esta sección, se configuran las características geométricas y eléctricas del estator, que alberga las bobinas y desempeña un papel central en la generación del campo magnético trifásico.

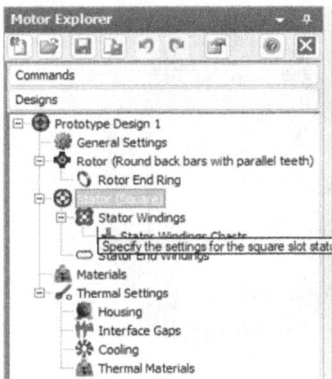

Figura 2.65 Configuración del estator trifásico.

Fuente: Sánchez, F (2024). Simulación de motor [autoría propia].

En la Figura 2.66 se inicia la configuración del estator determinando su diámetro interno, que debe permitir un ajuste preciso con el rotor. Esta medida es fundamental para garantizar que el motor opere sin vibraciones y con una disipación térmica adecuada.

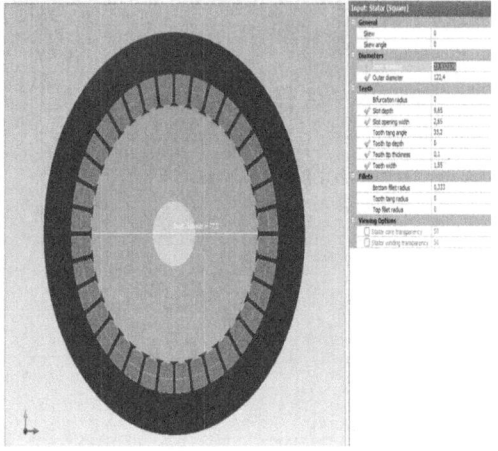

Figura 2.66 Diámetro interno del estator trifásico.

Fuente: Sánchez, F (2024). Simulación de motor [autoría propia].

En la Figura 2.67 se configura el diámetro externo del estator, asegurando que sea suficiente para alojar todas las bobinas y proporcionar una estructura robusta capaz de soportar las fuerzas electromagnéticas generadas durante la operación.

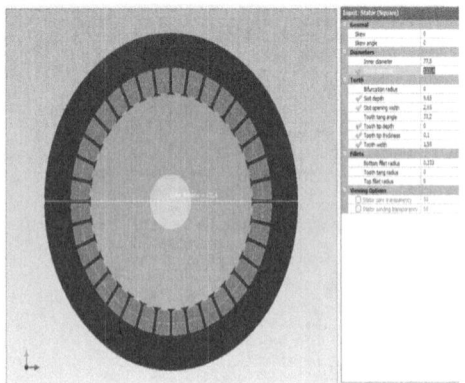

Figura 2.67 Diámetro externo del estator trifásico.

Fuente: Sánchez, F (2024). Simulación de motor [autoría propia].

A continuación, en la Figura 2.68 se define la profundidad de las ranuras del estator. Estas ranuras deben ser lo suficientemente profundas para contener un número adecuado de vueltas de alambre, permitiendo así la generación de un campo magnético fuerte y estable en las tres fases.

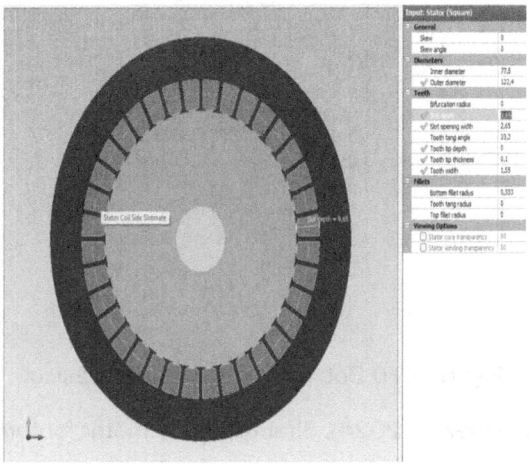

Figura 2.68 Profundidad de las ranuras del estator trifásico.

Fuente: Sánchez, F (2024). Simulación de motor [autoría propia].

En la Figura 2.69 se configura el ancho entre dientes del estator, diseñados para optimizar el flujo magnético entre el estator y el rotor. Un diseño apropiado reduce las pérdidas de energía y mejora la eficiencia general del motor.

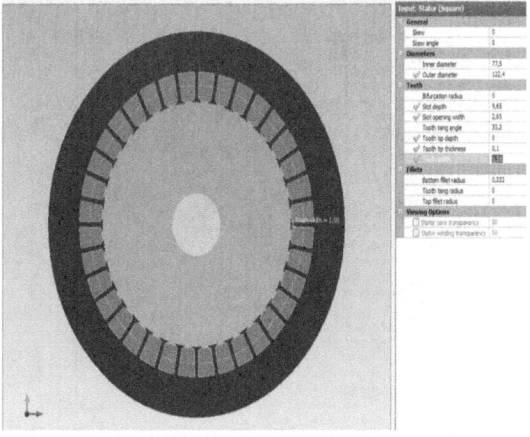

Figura 2.69 Ancho de los dientes del estator trifásico.

Fuente: Sánchez, F (2024). Simulación de motor [autoría propia].

Después de ajustar el estator, en la Figura 2.70 se accede al menú lateral izquierdo y se selecciona la opción «Bobinas del estator». Esta sección permite configurar la parte correspondiente a las bobinas del motor, las cuales desempeñan un papel fundamental en la generación del campo magnético.

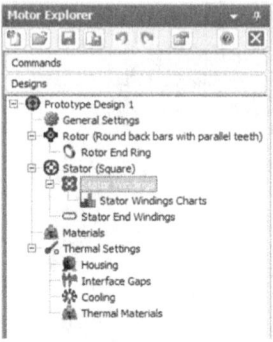

Figura 2.70 Bobinado del estator trifásico.

Fuente: Sánchez, F (2024). Simulación de motor [autoría propia].

En la Figura 2.71 se muestra la sección de «Bobinado del estator», donde se configuran las bobinas para las tres fases del motor. Se selecciona el tipo de bobinado, el calibre del alambre (AWG número 24) y se especifica el número de vueltas por ranura (100 espiras). Estas configuraciones son esenciales para asegurar un equilibrio adecuado entre resistencia eléctrica y capacidad de conducción.

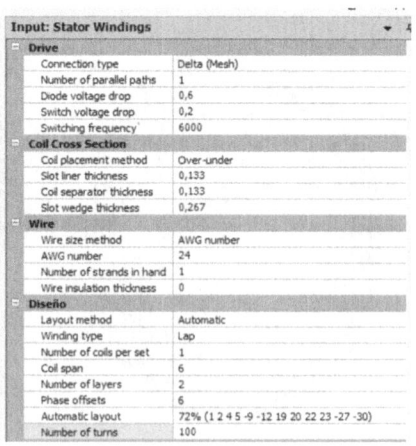

Figura 2.71 Configuración del bobinado del estator trifásico.

Fuente: Sánchez, F (2024). Simulación de motor [autoría propia].

En la Figura 2.72 se visualiza el modelo completo del motor en Simcenter Motorsolve después de configurar todos los parámetros. Esta representación permite verificar la correcta disposición de las bobinas y las dimensiones del rotor y el estator, así como la configuración general del motor.

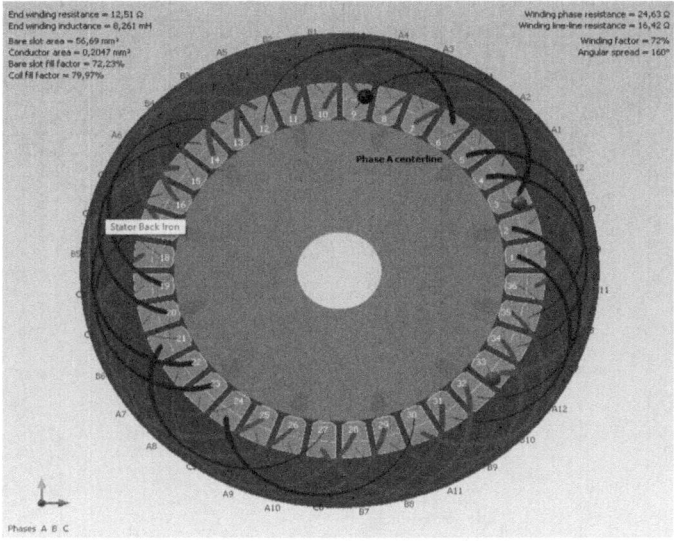

Figura 2.72 Bobinado del estator trifásico.

Fuente: Sánchez, F (2024). Simulación de motor [autoría propia].

En la Figura 2.73 se accede a la sección de «Resultados» para realizar una simulación del motor bajo condiciones de carga. En esta etapa, se analizan parámetros como el torque, la eficiencia y el consumo de corriente. Este paso es fundamental para validar que el diseño cumple con los requisitos y expectativas de rendimiento.

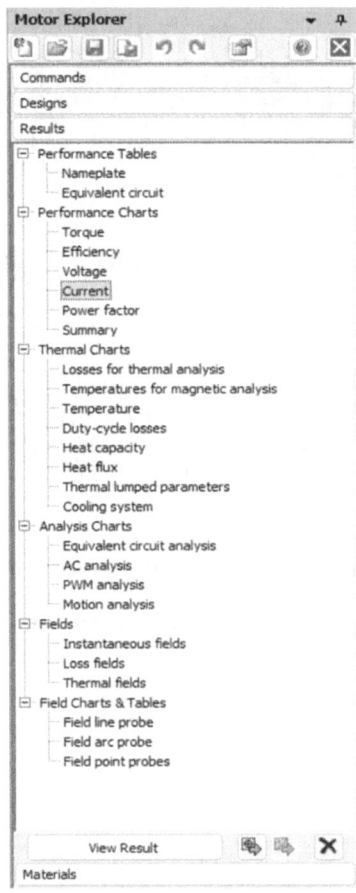

Figura 2.73 Configuración de los resultados del motor trifásico.

Fuente: Sánchez, F (2024). Simulación de motor [autoría propia].

En la Figura 2.74 se revisan los resultados obtenidos de la simulación. Por ejemplo, se observa que el motor consume 3.15 A bajo condiciones de carga completa, lo cual es coherente con el diseño de las bobinas y las especificaciones del motor. Este análisis permite realizar ajustes en cualquier parámetro, si es necesario, antes de avanzar hacia la fabricación o aplicación del motor.

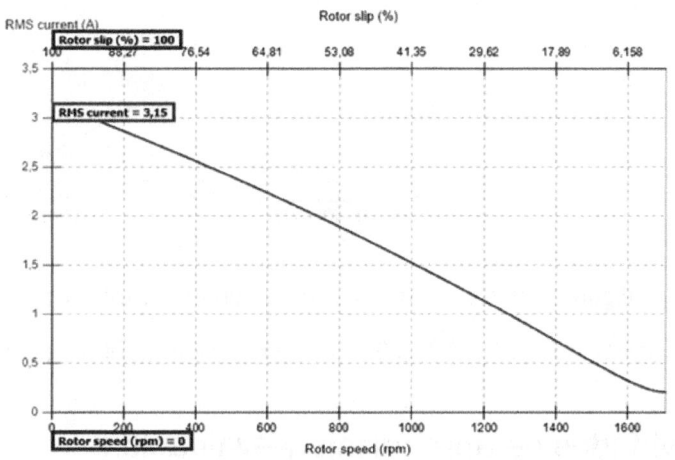

Figura 2.74 Resultados del motor trifásico.

Fuente: Sánchez, F (2024). Simulación de motor [autoría propia].

En la Figura 2.75 se presenta la curva de corriente, donde se observa que al aumentar las RPM la corriente disminuye, y al disminuir las RPM, la corriente aumenta. Por ejemplo, a 550 RPM, la corriente es de 2.32 A.

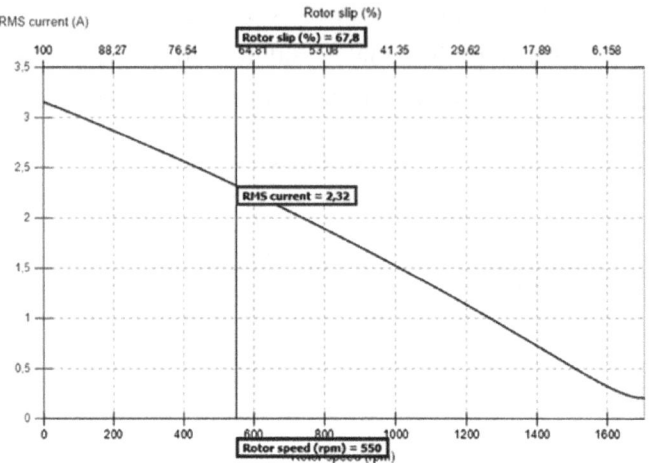

Figura 2.75 Curva de corriente de un motor trifásico.

Fuente: Sánchez, F (2024). Simulación de motor [autoría propia].

2.12 Actividades de aprendizaje y evaluación

Indique si las siguientes afirmaciones son verdaderas o falsas:

1. En el arranque directo de un motor trifásico, el motor se conecta directamente a la red eléctrica. ( )

2. El arranque directo es adecuado para motores pequeños y con carga ligera. ( )

3. El arranque directo de un motor trifásico puede causar caídas de voltaje en la red eléctrica. ( )

Seleccione la respuesta correcta según corresponda:

4. ¿Qué problema puede causar el arranque directo en un motor trifásico?

   a) Aumento de la corriente de arranque

   b) Reducción de la corriente de arranque

   c) Mejora del voltaje

   d) Eliminación del par de arranque

5. ¿Qué dispositivo se utiliza para proteger la red eléctrica durante el arranque directo?

    a) Condensador

    b) Resistencia de arranque

    c) Disyuntor

    d) Transformador

6. ¿Qué tipo de motores se deben evitar con el arranque directo?

    a) Motores pequeños

    b) Motores con alta inercia

    c) Motores con carga ligera

    d) Motores con baja corriente

7. ¿Cuál es una ventaja del arranque directo?

    a) Requiere dispositivos complejos

    b) Bajo coste de instalación

    c) Mayor corriente de arranque

    d) Menor simplicidad

2.13 Conclusiones

El estudio del arranque directo en motores trifásicos permite comprender uno de los métodos más simples y utilizados en aplicaciones industriales. A lo largo del capítulo, se evidenció cómo este método, pese a su sencillez y bajo coste, implica ciertas limitaciones, como el alto consumo de corriente al inicio y el impacto potencial en la red eléctrica. Asimismo, se exploraron mecanismos de protección y alternativas de arranque más eficientes y modernas, como el uso de variadores de frecuencia, así como prácticas que fortalecen el aprendizaje práctico del sistema. En conjunto, este conocimiento proporciona una base sólida para el análisis, selección e implementación adecuada de sistemas de arranque, fundamentales en el diseño de instalaciones eléctricas industriales seguras, eficientes y confiables.

CAPÍTULO 3

MOTOR TRIFÁSICO DE ROTOR BOBINADO

3.1 Introducción

Un motor trifásico de inducción (MTI) es un dispositivo electromecánico que convierte energía eléctrica en energía mecánica (energía cinética rotatoria) o, en ocasiones, energía mecánica en energía eléctrica (cuando se utiliza como generador). Sin embargo, su uso como generador es limitado debido a varias desventajas, por lo que se emplea principalmente en aplicaciones como motor.

Este tipo de motor eléctrico también se conoce como motor asincrónico trifásico, un nombre que refleja su característica distintiva: la velocidad del campo magnético del estator, en condiciones de régimen permanente, nunca coincide con la velocidad mecánica del rotor. Los motores trifásicos de inducción son los más comunes en la industria; algunos estudios indican que más del 90 % de los motores instalados en instalaciones industriales a nivel mundial son de este tipo, gracias a su notable robustez y simplicidad constructiva en comparación con otras máquinas (Ramírez, 2021).

La Figura 3.1 muestra la estructura típica de este tipo de máquina. Se destacan sus componentes principales y su configuración interna, lo cual facilita la comprensión de su funcionamiento electromecánico.

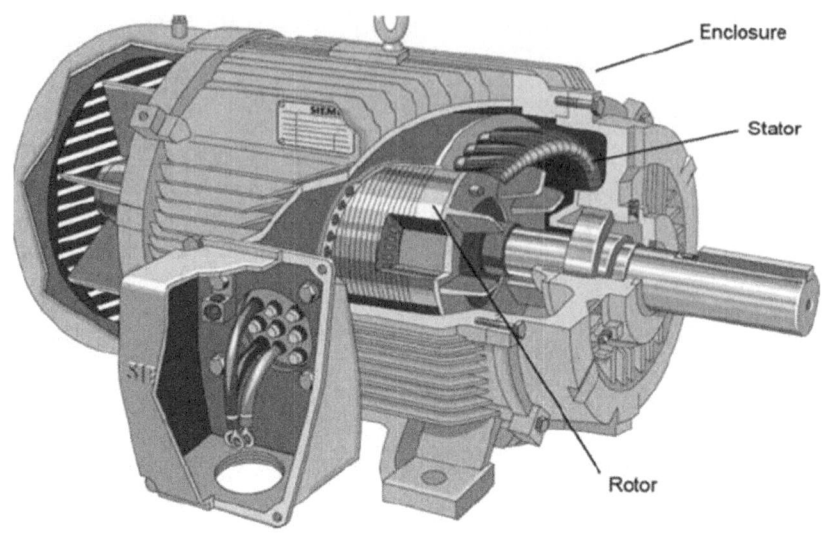

Figura 3.1 Motor trifásico de inducción.

Fuente: Información tomada de Accionamientos eléctricos, 2021.

3.2 Principios básicos

- **Campo magnético rotatorio:** Un motor trifásico de inducción crea un campo magnético rotatorio en el estator mediante la corriente alterna en sus bobinas. Este campo magnético induce una corriente en el rotor, generando así un campo magnético en el rotor que interactúa con el campo del estator para producir par motor (Ramírez, 2021). La Figura 3.2 ilustra este fenómeno, facilitando así la comprensión del principio de funcionamiento electromagnético del motor.

En la Figura 3.2 se muestra el principio de funcionamiento de un motor de inducción a través de una analogía con un imán permanente y un disco conductor. En (a) se muestra la comparación del principio de funcionamiento de un motor de inducción (MTI) con un imán permanente que gira alrededor de un eje y un disco de material conductor. Tanto el imán como el disco pueden rotar libremente en torno al mismo eje. En (b), sin embargo, se describe la generación de la fuerza inducida a partir de la interacción entre las corrientes parásitas generadas y el campo magnético B del imán permanente (Romero, 2023).

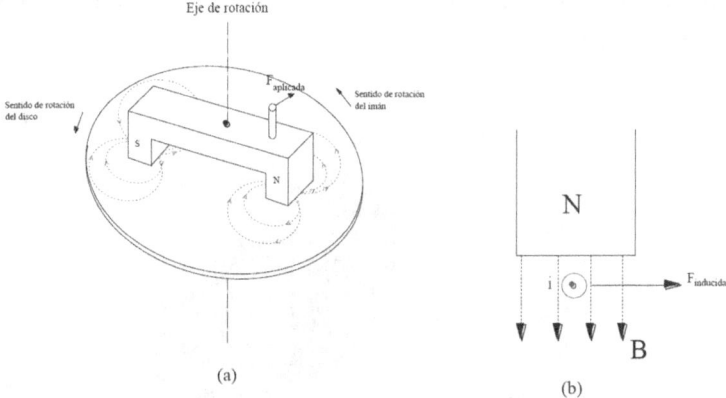

Figura 3.2 Campo magnético.

Fuente: Información tomada de Accionamientos eléctricos, 2021.

- **Deslizamiento:** El deslizamiento (S) es la diferencia entre la velocidad del campo magnético giratorio y la velocidad real del rotor, expresada como un porcentaje de la velocidad del campo magnético giratorio. Se calcula como:

$$S = \frac{ns - nr}{ns}$$

donde:

- ns es la velocidad sincrónica

- nr es la velocidad del rotor.

El deslizamiento es crucial para el funcionamiento del motor de inducción, ya que la producción de par motor depende de esta diferencia. Un mayor deslizamiento genera un par más elevado, pero también implica mayores pérdidas y una mayor corriente de arranque.

- **Rotor bobinado:** A diferencia del rotor de jaula de ardilla, el rotor bobinado tiene devanados conectados a anillos colectores y escobillas. Esto permite conectar resistencias externas para ajustar el par y la corriente de arranque (Romero, 2023).

El rotor bobinado proporciona una mayor flexibilidad en el control del motor, permitiendo un arranque más suave y la posibilidad de ajustar el par motor mediante el diagrama de conexión (Romero, 2023). La Figura 3.3

representa este tipo de rotor y facilita la identificación de sus componentes característicos

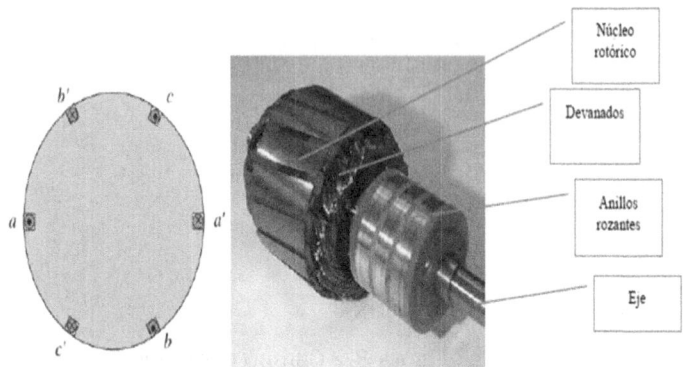

Figura 3.3 Rotor bobinado.

Fuente: Información tomada de Hangzhou Grand Technology, 2023.

- **Ventaja:** La posibilidad de conectar resistencias externas permite un control preciso del par de arranque y de la corriente de arranque, lo que es ventajoso en aplicaciones con cargas pesadas o en sistemas donde se desea un arranque más gradual.

Además, permite ajustar el par motor durante la operación, lo que puede ser útil en aplicaciones con cargas variables. Este principio se representa en la Figura 3.4, donde se esquematiza la conexión típica de resistencias externas en un rotor bobinado.

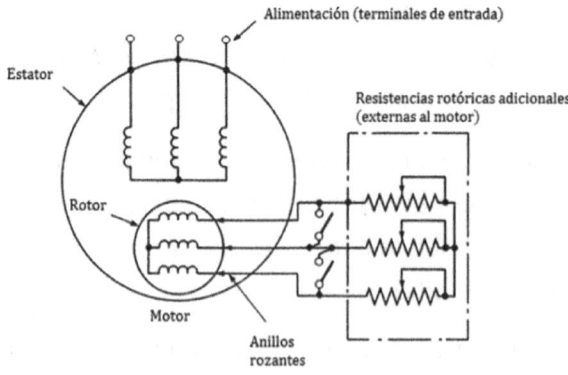

Figura 3.4 Diagrama de conexión de un rotor bobinado.

Fuente: Información propia.

3.3 Par de arranque

El par de arranque es el torque que el motor genera al comenzar a girar desde un estado de reposo, y es crucial para superar la inercia inicial del sistema. En motores con rotor bobinado, este par puede ser regulado mediante la inserción de resistencias en el circuito del rotor durante el arranque (Ortega, 2022). La Figura 3.5 muestra la curva característica de la relación entre el par y la velocidad e indica cómo varía el torque en función de la velocidad del motor.

La incorporación de resistencias en el rotor durante el arranque ayuda a controlar el par de arranque, lo que disminuye el impacto en el sistema eléctrico y reduce el estrés mecánico en el motor.

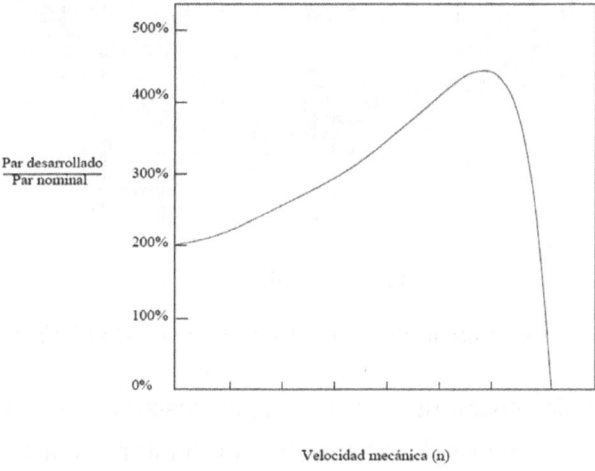

Figura 3.5 Curva de par de velocidad.

Fuente: Información tomada de Morillo (2024).

3.4 Método de arranque

El arranque de un motor trifásico de inducción con rotor bobinado es un método utilizado para regular la corriente de arranque y el par motor. Este tipo de arranque es particularmente beneficioso para motores que requieren un inicio suave y controlado, pues evita picos de corriente y el estrés mecánico al momento de encenderse. A continuación, se describe el proceso y las características del arranque con rotor bobinado:

- **Arranque de un motor trifásico de inducción con rotor bobinado:** Durante el arranque, se conectan resistencias externas en el circuito del rotor. Esto incrementa la resistencia del rotor y limita la corriente de arranque, lo que permite controlar el par motor y minimizar el impacto en la red eléctrica y el sistema mecánico (Ortega, 2022).

La Figura 3.6 ilustra las resistencias externas al rotor del motor de inducción. Estas resistencias se conectan en serie con los devanados del rotor durante el arranque y posteriormente se eliminan de manera progresiva a medida que el motor alcanza su velocidad nominal.

Figura 3.6 Resistencias.

Fuente: Información tomada de Hilkar (2023).

- **Proceso de arranque:** Se conectan resistencias en serie con los devanados del rotor. Estas resistencias limitan la corriente de arranque y disminuyen el par de arranque, lo que facilita un arranque más suave (Vargas, 2021).

- A medida que el motor acelera y se aproxima a su velocidad nominal, las resistencias se desconectan gradualmente. Esto se realiza mediante un sistema de conmutación que puede ser manual o automático, permitiendo así que el motor funcione con una resistencia de rotor más baja para alcanzar su máxima eficiencia (Vargas, 2021).

- **Ventajas del arranque con rotor bobinado**

  - **Características técnicas y usos del motor trifásico de rotor bobinado:** «Los motores trifásicos de rotor bobinado son ampliamente utilizados en aplicaciones industriales donde se requiere un alto par de arranque y un control preciso durante el arranque del motor» (Martínez y López, 2020, p. 112).

Su eficiencia, aunque ligeramente menor que la de los motores de jaula de ardilla debido a las pérdidas en las resistencias externas, es suficientemente alta para justificar su uso en entornos exigentes. Entre las aplicaciones típicas se incluyen grúas, ascensores, molinos, compresores, bombas centrífugas de gran tamaño y bandas transportadoras, especialmente en industrias como la minera, cementera, siderúrgica y papelera. Estas aplicaciones demandan un arranque suave, con mínima corriente de arranque, para evitar golpes mecánicos o sobrecargas eléctricas.

Además, el rotor bobinado permite realizar estudios de comportamiento dinámico y control de velocidad, lo cual es ideal en laboratorios o sistemas didácticos para el aprendizaje del control de motores eléctricos. Su flexibilidad en el arranque y su capacidad de soportar cargas pesadas lo convierten en una herramienta confiable para procesos industriales críticos.

- **Aplicaciones típicas:** Es comúnmente empleado en aplicaciones industriales que requieren un arranque controlado, como en grandes bombas, compresores y sistemas de transporte, donde un arranque brusco podría ocasionar daños o interrupciones en el sistema (Pérez, 2023).

Un ejemplo representativo de este tipo de aplicación se muestra en la Figura 3.7, donde se observa una bomba centrífuga industrial que opera bajo condiciones de alta inercia. Resulta ideal para equipos que operan bajo cargas pesadas o que tienen alta inercia, ya que un arranque repentino podría ser perjudicial (Pérez, 2023).

Figura 3.7 Bomba centrífuga industrial.

Fuente: Información tomada de Asia Pumps, 2021.

3.5 Componentes del sistema de arranque

- **Contactores y relés**

  - **Contactores:** Son dispositivos electromecánicos utilizados para conectar y desconectar las fases del motor durante el arranque. Están compuestos por una bobina, un circuito magnético y contactos eléctricos. Al energizar la bobina, el contactor se cierra, estableciendo un circuito entre la alimentación y el motor.

  - **Relés:** Son dispositivos de control que activan los contactores y otros elementos del sistema de arranque. Permiten maniobrar circuitos de potencia con pequeñas corrientes en el circuito de mando.

  - **Temporizador:** El temporizador controla la duración de la fase de arranque en configuración estrella antes de cambiar a delta. Esto ayuda a asegurar que el motor se arranque suavemente, limitando la corriente inicial.

  - **Resistencias de arranque:** Las resistencias de arranque se conectan en serie con el rotor durante el arranque para limitar la corriente y el par de arranque. Se desconectan gradualmente a medida que el motor se acelera, lo que permite que alcance la velocidad nominal. La Figura 3.8 muestra estos componentes que trabajan en conjunto para controlar el arranque y funcionamiento del motor monofásico de fase partida de manera segura y eficiente.

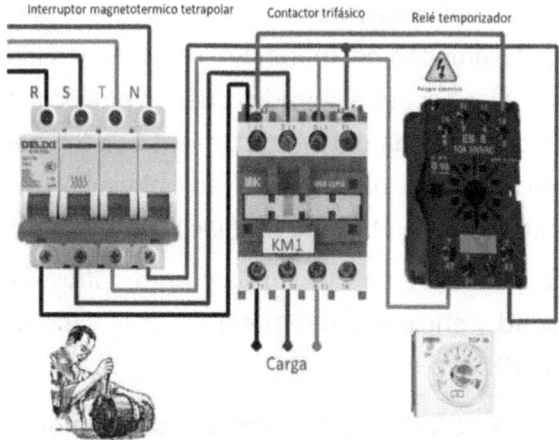

Figura 3.8 Componentes del sistema de arranque.
Fuente: Información tomada de Blog de electricidad, 2018.

3.6 Consideraciones adicionales

- **Protección del motor**
  - **Sobrecalentamiento:** Los sistemas de arranque deben incorporar protecciones para prevenir el sobrecalentamiento del motor (Vargas, 2021).
  - **Sobrecorriente:** Es necesario utilizar protecciones para evitar que una corriente de arranque excesiva dañe el motor y otros componentes; se puede emplear un guardamotor para prevenir la sobrecorriente (Vargas, 2021). La Figura 3.9 presenta un guardamotor, componente esencial en la protección de motores.

Figura 3.9 Guardamotor.
Fuente: Información tomada de Alberto (2023).

- **Ventilación y enfriamiento:** Una adecuada ventilación es esencial para el correcto desempeño del motor. En instalaciones industriales, el polvo, la humedad o los espacios cerrados pueden provocar acumulación de calor, lo que reduce la vida útil del aislamiento de los devanados. Por ello, se recomienda el uso de sistemas de ventilación forzada o extractores, especialmente en ambientes hostiles (González y Herrera, 2022).

  Además, «El sistema de enfriamiento influye directamente en la durabilidad y eficiencia del motor en operación continua» (González y Herrera, 2022, p. 89).

- **Aislamiento y condiciones ambientales:** Los motores deben contar con aislamiento adecuado para soportar condiciones extremas de temperatura, humedad o agentes químicos. En ambientes corrosivos o con presencia de polvo metálico, se recomienda el uso de carcasas selladas o motores con grado de protección IP adecuado, como IP55 o superior, para evitar fallos prematuros.

- Mantenimiento

  - **Revisión periódica:** Los elementos del sistema de arranque, como contactores, relés y resistencias, deben ser inspeccionados y mantenidos de manera regular para garantizar un funcionamiento eficiente y seguro (Vargas, 2021).

3.7 Actividades practicas

- **Caso 3.** Arranque de un motor trifásico de rotor bobinado

  Se comienza por ubicar las tres fases del motor trifásico de rotor bobinado, conforme a la configuración mostrada en el diagrama. Es fundamental identificar correctamente los terminales del estator y del rotor, garantizando una conexión adecuada para el correcto funcionamiento del sistema. En la Figura 3.10 se observan las líneas de alimentación del sistema, punto de partida para la conexión general del circuito.

Figura 3.10 Líneas de alimentación.
Fuente: Sánchez, F (2024). Simulación de motor [autoría propia].

Se agregan dos contactores al sistema: uno destinado a conectar las resistencias al circuito y otro para desconectarlas. La inclusión de un disyuntor, como se muestra en la Figura 3.11, garantiza una protección adicional ante fallos de corriente.

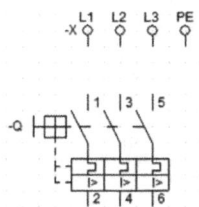

Figura 3.11 Disyuntor.

Fuente: Sánchez, F (2024). Simulación de motor [autoría propia].

Se incorporan dos contactores en el sistema: uno para conectar las resistencias del rotor durante el arranque y otro para desconectarlas una vez que el motor alcanza una velocidad adecuada.

La incorporación de los contactores, como se muestra en la Figura 3.12, facilita la conmutación automática del sistema de resistencias en el rotor.

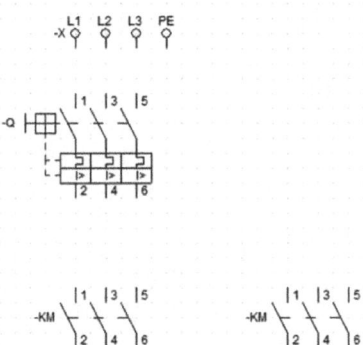

Figura 3.12 Contacto III.

Fuente: Sánchez, F (2024). Simulación de motor [autoría propia].

Se incorpora un relé térmico que actúa como protección contra sobrecargas y elevadas temperaturas en el motor, el cual desconectará el circuito en caso de condiciones anómalas para prevenir daños en el equipo. El relé térmico presentado en la Figura 3.13 actúa como protección ante sobrecargas térmicas: desconectará el circuito si se exceden los límites establecidos.

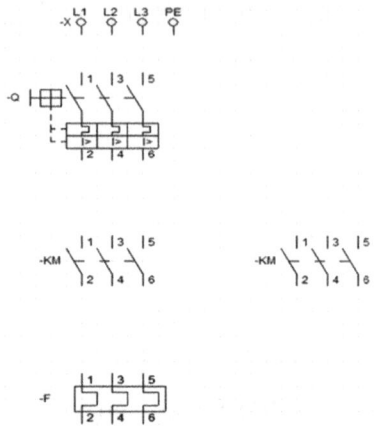

Figura 3.13 Relé térmico.

Fuente: Sánchez, F (2024). Simulación de motor [autoría propia].

Se inserta el motor trifásico que será utilizado en la práctica, verificando que esté correctamente integrado al sistema y conectado como se aprecia en la Figura 3.14, asegurando su integración con el resto del sistema.

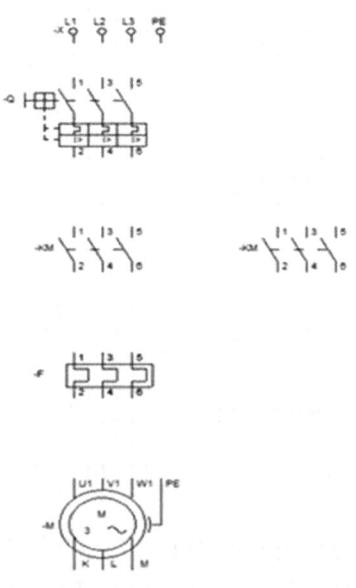

Figura 3.14 Motor trifásico de rotor bobinado.

Fuente: Sánchez, F (2024). Simulación de motor [autoría propia].

Se colocan las resistencias en el circuito del rotor (Figura 3.15) con el fin de limitar los picos de corriente durante el arranque del motor, contribuyendo así a la protección del sistema frente a sobrecargas.

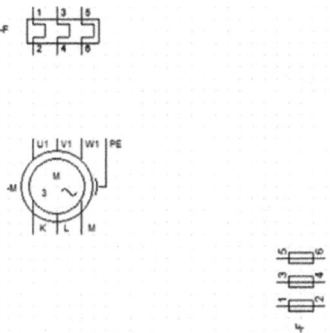

Figura 3. 15 Resistencias.

Fuente: Sánchez, F (2024). Simulación de motor [autoría propia].

Con todos los componentes principales posicionados, se realiza la conexión del circuito de potencia (Figura 3.16), que incluye el enlace entre los dispositivos de protección, los contactores y el motor.

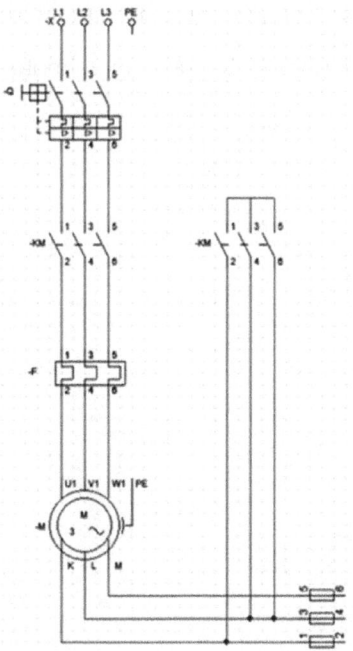

Figura 3. 16 Conexión del circuito de potencia.

Fuente: Sánchez, F (2024). Simulación de motor [autoría propia].

Se instalan todos los componentes necesarios para el circuito de control (Figura 3.17), incluidos los pulsadores de arranque y paro, así como los demás elementos requeridos para el adecuado funcionamiento del sistema.

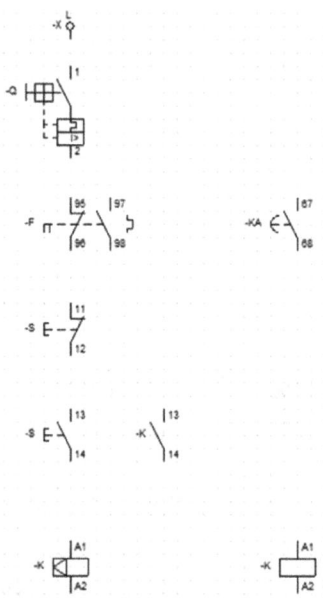

Figura 3. 17 Componentes del circuito de control.

Fuente: Sánchez, F (2024). Simulación de motor [autoría propia].

Se ensambla la conexión del circuito de control (Figura 3.18), que permitirá operar el motor mediante su encendido y apagado según sea requerido por el sistema.

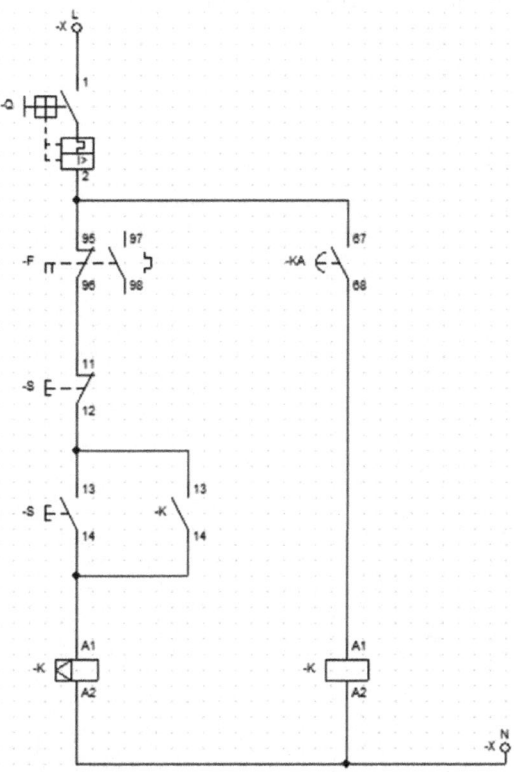

Figura 3.18 Conexión del circuito de control.

Fuente: Sánchez, F (2024). Simulación de motor [autoría propia].

Se finaliza la conexión de ambos circuitos y se realiza una simulación con el objetivo de verificar la correcta configuración del diagrama y detectar posibles errores en el sistema. En la Figura 3.19 se visualiza el circuito completo de potencia y control ensamblado.

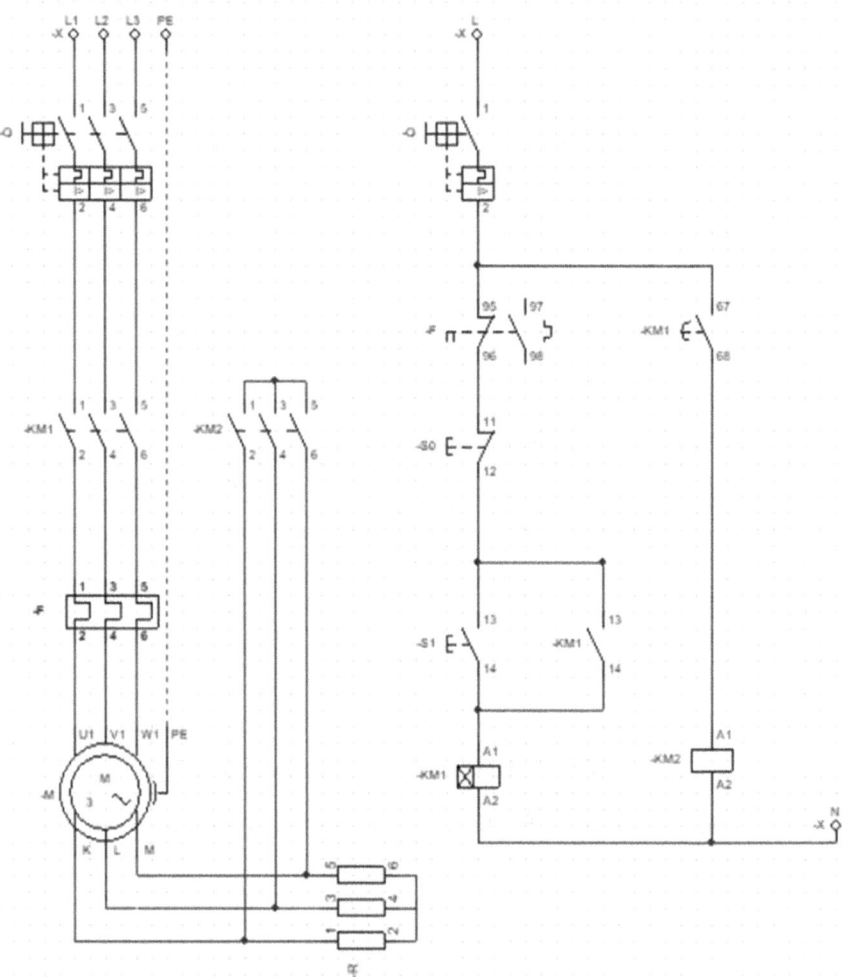

Figura 3.19 Circuito de potencia y control.

Fuente: Sánchez, F (2024). Simulación de motor [autoría propia].

Durante la simulación, se activan los disyuntores del circuito de control (Figura 3.20) y del circuito de potencia y se verifica el funcionamiento correcto del sistema.

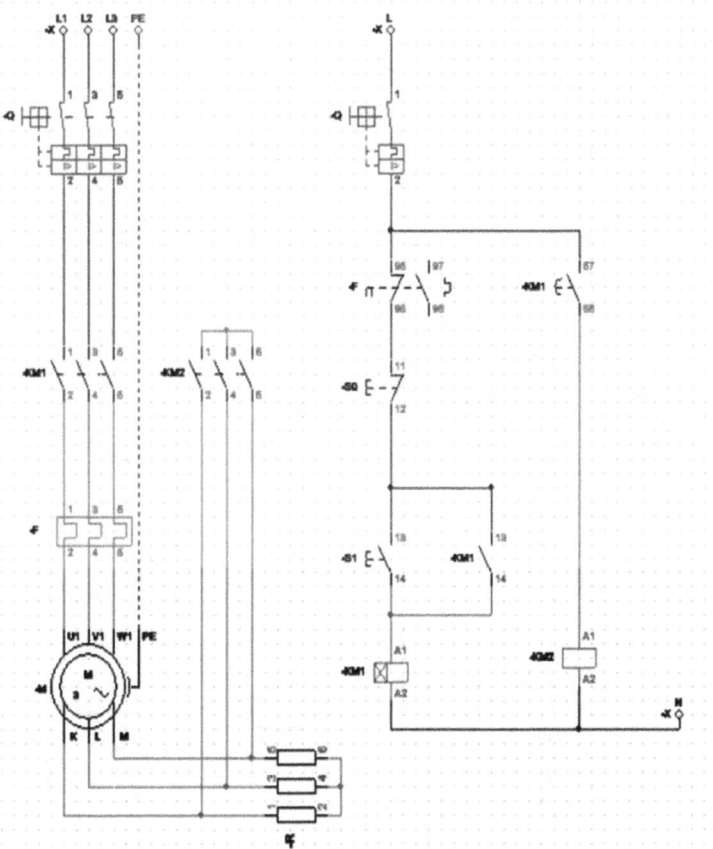

Figura 3. 20 Activación de disyuntores.

Fuente: Sánchez, F (2024). Simulación de motor [autoría propia].

En la Figura 3.21 se confirma que el diagrama está correctamente ensamblado, ya que el motor arranca de forma adecuada y el pulsador de paro solo se activa en caso de errores o fallas.

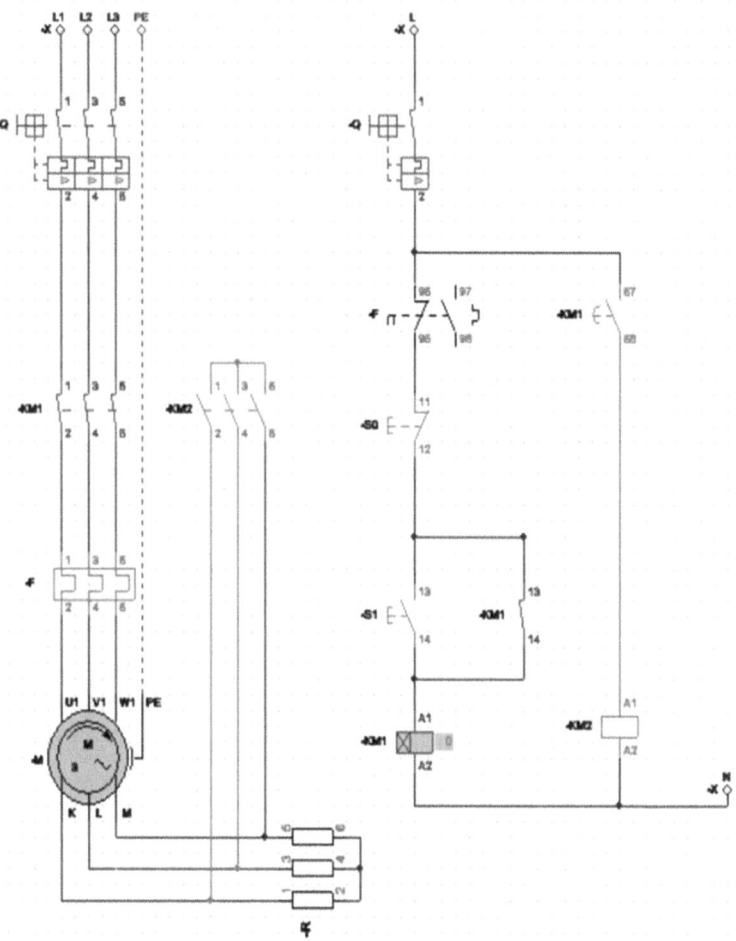

Figura 3. 21 Simulación de arranque de motor trifásico de rotor bobinado.

Fuente: Sánchez, F (2024). Simulación de motor [autoría propia].

Se observa que, tras unos segundos, el contactor KM2 se activa y desconecta las resistencias (Figura 3.22), asegurando que el sistema opere de manera adecuada.

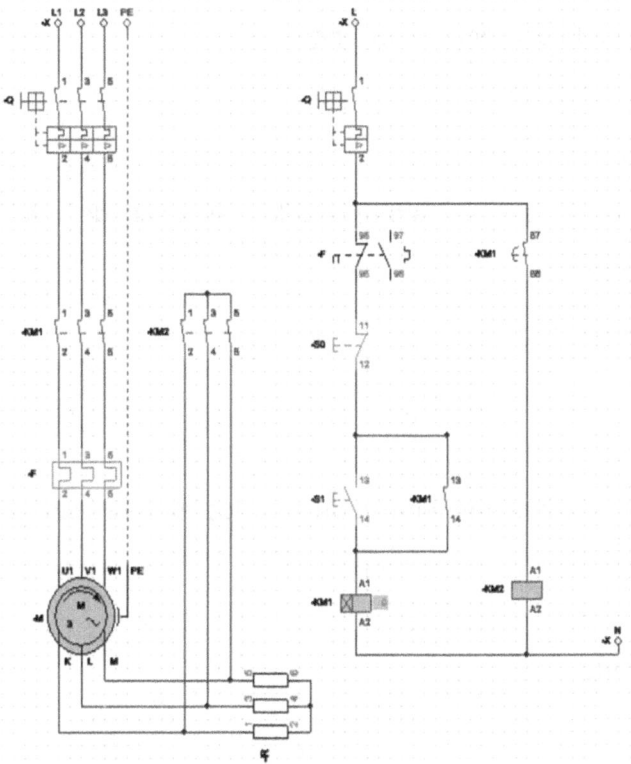

Figura 3.22 Finalización de la simulación.

Fuente: Sánchez, F (2024). Simulación de motor [autoría propia].

3.8 Actividades de aprendizaje y evaluación

Indique si las siguientes afirmaciones son verdaderas o falsas:

1. En el arranque de un motor trifásico de rotor bobinado, se utilizan resistencias en el rotor para controlar la corriente. ( )

2. Las resistencias en el rotor se eliminan una vez que el motor alcanza su velocidad nominal. ( )

3. El arranque de un motor trifásico de rotor bobinado es más costoso que el arranque directo. ( )

Seleccione la respuesta correcta según corresponda:

4. ¿Cuál es el propósito de las resistencias en el rotor durante el arranque?

   a) Aumentar el par de arranque

   b) Disminuir la corriente de arranque

   c) Reducir el coste

   d) Mejorar el voltaje

5. ¿Qué dispositivo se usa para ajustar la resistencia del rotor?

   a) Reóstato

   b) Condensador

   c) Bobina

   d) Transformador

6. ¿Qué tipo de mantenimiento requieren los motores con arranque por rotor bobinado?

   a) Bajo

   b) Moderado

   c) Alto

   d) Nulo

7. ¿Qué ventaja tiene el arranque con resistencias en el rotor sobre el arranque directo?

   a) Menor coste

   b) Menor corriente de arranque

   c) Mayor simplicidad

   d) Menor mantenimiento

CAPÍTULO 4

MOTOR TRIFÁSICO POR AUTOTRANSFORMADOR

4.1 Introducción

El arranque de un motor trifásico mediante autotransformador es una técnica empleada para gestionar la corriente de arranque en sistemas eléctricos industriales. Este método implica la utilización de un autotransformador para reducir el voltaje aplicado al motor durante su arranque, minimizando así los efectos adversos de una alta corriente inicial. Es particularmente valioso en aplicaciones que requieren un arranque suave para evitar daños en el motor y en la red eléctrica. El arranque de un motor trifásico mediante autotransformador es una técnica empleada para gestionar la corriente de arranque en sistemas eléctricos industriales. Este método implica la utilización de un autotransformador para reducir el voltaje aplicado al motor durante su arranque, minimizando así los efectos adversos de una alta corriente inicial. Es particularmente valioso en aplicaciones que requieren un arranque suave para evitar daños en el motor y en la red eléctrica.

4.2 Alcance

Este método es aplicable a motores trifásicos en instalaciones industriales donde se necesita controlar la corriente de arranque, como en bombas, ventiladores y compresores. Permite ajustar el voltaje de arranque y suavizar el impacto en el sistema eléctrico. Sin embargo, su uso no proporciona aislamiento galvánico entre el motor y la red, lo que debe ser considerado en el diseño del sistema.

4.3 Motor trifásico y su arranque

Un motor trifásico es un tipo de motor eléctrico que opera con corriente alterna trifásica y que se destaca por su alta eficiencia y su capacidad para manejar cargas pesadas. Sin embargo, al iniciar el motor, la corriente de arranque puede ser de 5 a 7 veces mayor que la corriente nominal del motor.

En la Figura 4.1 se muestra como se realiza una modificación a un arranque directo (marcha-paro) de un motor trifásico, donde usan una línea monofásica para el arranque. Para lograrlo se emplea un condensador.

Asimismo, tal y como señalan algunos manuales:

Esta alta corriente puede causar caídas de tensión significativas en la red eléctrica, así como daños en los componentes eléctricos y mecánicos del motor. Para minimizar estos efectos adversos, se emplean métodos de arranque que reducen la corriente inicial, como el arranque mediante autotransformador (González, 2023, p. 344).

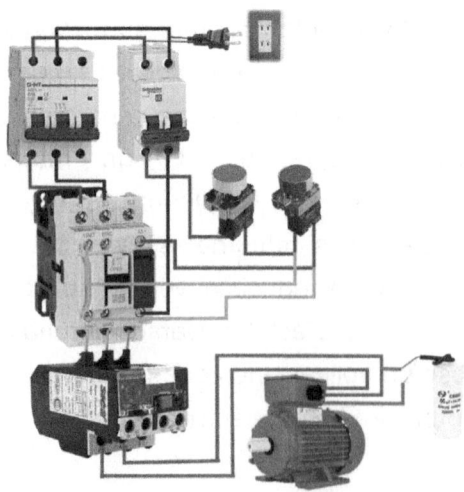

Figura 4.1 Arranque de motor trifásico.

Fuente: Información tomada de electrotec, 2023.

4.4 Corriente de arranque en motores trifásicos

La elevada corriente de arranque, como se muestra en la Figura 4.2, puede ocasionar problemas en el suministro eléctrico, como fluctuaciones de voltaje y sobrecarga de los sistemas eléctricos, lo que puede afectar la estabilidad de la red y el desempeño de otros equipos conectados. Asimismo, este fenómeno puede acelerar el desgaste de los componentes del motor, disminuyendo su vida útil y aumentando los costes de mantenimiento.

Según González (2023), «en consecuencia, es fundamental emplear técnicas de arranque que limiten esta corriente, protegiendo tanto al motor como a la infraestructura eléctrica» (p. 344).

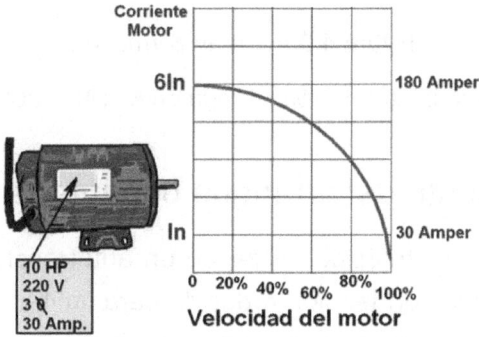

Figura 4.2 Corriente de arranque de motores trifásicos.

Fuente: Información tomada de paco, 2023.

4.5 Autotransformador

Un autotransformador es un dispositivo como el que se muestra en la Figura 4.3, que emplea una única bobina con múltiples puntos de conexión para modificar la tensión aplicada a una carga. En el ámbito del arranque de motores, el autotransformador se utiliza para suministrar una tensión reducida al motor durante el arranque, lo que limita la corriente inicial y minimiza el impacto en la red eléctrica.

Según Ramírez (2022), «esta disminución de tensión se regula mediante un interruptor o un regulador, permitiendo una transición controlada de la tensión desde el arranque hasta el funcionamiento normal» (p. 346).

Figura 4.3 Autotransformador.

Fuente: Información tomada de AUDAXc, 2021.

4.6 Funcionamiento del arranque por autotransformador

El arranque de un motor trifásico utilizando un autotransformador implica una fase inicial de arranque con tensión reducida para limitar la corriente de inicio. Este método se lleva a cabo de la siguiente manera: el autotransformador proporciona una tensión inferior al motor durante el arranque, lo que permite que el motor comience a girar de manera suave, como se muestra en la Figura 4.4.

Según Ramírez (2022), «una vez que el motor alcanza una velocidad cercana a la nominal, el autotransformador se desconecta automáticamente a través de un interruptor de transición, y el motor se conecta directamente a la red eléctrica a plena tensión» (p. 346). Además, «este procedimiento garantiza una reducción de la corriente de arranque y minimiza el riesgo de daños tanto en el motor como en la red» (Electromatic, 2024, p. 351)

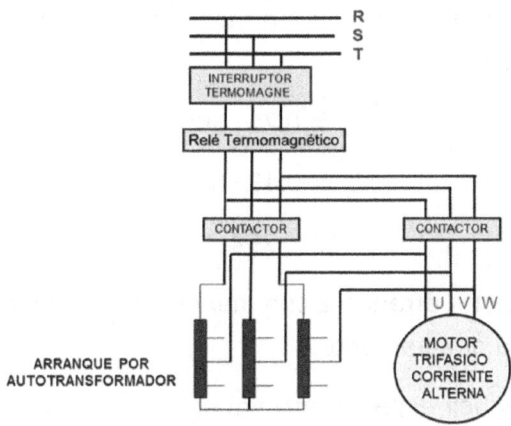

Figura 4.4 Arranque de motor trifásico por autotransformador.

Fuente: Información tomada de Electromatic, 2024.

Tomando en cuenta lo que se mencionó anteriormente, se puede realizar una relación de transformación aplicando fórmulas.

$$\frac{V_{motor}}{V_{red}} = \frac{N_2}{N_1} = a$$

donde:

- V_{motor} es el voltaje del motor (voltios).

- V_{red} es el voltaje de la red (voltios).

- a es el tap.

Si se elige, por ejemplo, un tap al 70 %, entonces:

$$a = 0.7$$

La corriente en el motor se reduce proporcional al cuadrado del tap:

$$I_a = a^2 \cdot I_{aD}$$

donde:

- I_a es la corriente de arranque (amperio).

- I_{aD} es la corriente de arranque-directa (amperio).

Por ejemplo, si un motor arranca normalmente con 600 A y se usa un autotransformador al 70 %:

$$I_a = 0.7^2 \cdot 600$$

$$I_a = 0.49 \cdot 600$$

$$I_a = 294\ A$$

Eso significa que el motor arrancará con menos de la mitad de la corriente que usaría si se conectara directamente.

También se puede reducir el par de arranque:

$$T_a = a^2 \cdot T_{aD}$$

donde:

- T_a Es el torque de arranque (newton - metro).

- T_{aD} Es el torque de arranque-directa (newton - metro).

El torque también se reduce con el cuadrado de la tensión. Por lo tanto, se pueden obtener algunas consideraciones:

- El torque de arranque no debe ser menor al requerido por la carga.

- Requiere contactores adicionales para el paso de arranque a marcha plena.

- Es más costoso que un arranque estrella-triángulo, pero más suave.

4.7 Ventajas del arranque por autotransformador

El uso del autotransformador para el arranque de motores trifásicos presenta varias ventajas significativas, como la disminución de la corriente de arranque, lo que reduce el impacto en la red eléctrica y extiende la vida útil del motor. Al limitar la corriente inicial, se minimiza el desgaste mecánico y eléctrico durante el arranque, lo que contribuye a una operación más estable y segura.

Según Ortega (2023), «esta técnica también previene caídas de tensión considerables en la red, mejorando así la estabilidad del sistema eléctrico en general. Por ejemplo, un circuito que se puede utilizar es un sistema de bombeo» (p. 347).

En líneas de producción donde se utilizan motores para transportar materiales o accionar cintas transportadoras, el arranque por autotransformador evita que las elevadas corrientes iniciales afecten a otros equipos conectados a la misma red.

Como señala González (2021), «gracias a este sistema, es posible iniciar motores de gran potencia sin desestabilizar el resto del sistema eléctrico, asegurando así una producción continua sin interrupciones» (p. 346).

Las unidades de climatización que funcionan con compresores trifásicos suelen incorporar arranque por autotransformador para reducir el pico de corriente durante el encendido. Esta técnica disminuye el consumo energético inicial y protege tanto al motor como al compresor contra esfuerzos mecánicos excesivos.

Si hacemos caso a Ramírez (2023), «el uso de autotransformadores en HVAC no solo prolonga la vida útil de los motores, sino que también reduce el gasto energético mensual en instalaciones comerciales» (p. 345).

El arranque por autotransformador es ideal para bombas que requieren un arranque suave para evitar golpes de ariete y fluctuaciones de presión. Al controlar el arranque progresivamente, se evita el daño a las tuberías y se mantiene una presión estable en los sistemas hidráulicos.

Por tano, como señala López (2024), «es común en plantas de tratamiento de agua y sistemas municipales de distribución, donde la confiabilidad del arranque es esencial» (p. 343).

4.8 Consideraciones en el uso del autotransformador

Para asegurar un funcionamiento eficaz y seguro del arranque mediante autotransformador, es esencial elegir un autotransformador apropiado según las características del motor y la corriente de arranque prevista. Es vital que los dispositivos de protección, como fusibles y disyuntores, estén correctamente dimensionados para soportar las condiciones operativas y prevenir daños durante el proceso de arranque.

La Figura 4.5 muestra un sistema de bombeo que requiere un arranque controlado debido al uso de motores trifásicos de alta potencia. En este tipo de aplicaciones, el autotransformador permite reducir la corriente de arranque para evitar caídas de tensión, proteger el equipo y mejorar la eficiencia del sistema.

En palabras de Ortega (2023), «un diseño y selección adecuados del autotransformador y de los dispositivos de protección garantizan una integración eficiente del sistema y un funcionamiento fiable» (p. 345).

Huazheng®

Figura 4.5 Sistema de bombeo.

Fuente: Información tomada de huazheng, 2023.

4.9 Actividad práctica

- **Caso 4.** Arranque de un motor trifásico por autotransformador

  Se empieza con la sección de potencia, incorporando la alimentación trifásica requerida para el motor y otros componentes como se muestra en la Figura 4.6.

Figura 4.6 Líneas de alimentación.

Fuente: Sánchez, F (2024). Simulación de motor [autoría propia].

Hay que colocar un disyuntor electromagnético debajo de la alimentación para proteger el circuito de sobrecargas, tal como se muestra en la Figura 4.7.

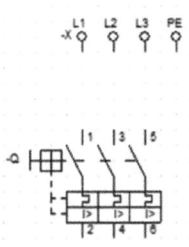

Figura 4.7 Disyuntor.

Fuente: Sánchez, F (2024). Simulación de motor [autoría propia].

Se instala un contactor para el autotransformador, que permita su activación y desactivación según sea necesario tal como se muestra en la Figura 4.8.

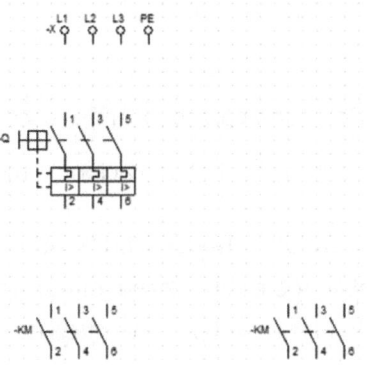

Figura 4.8 Contactor.

Fuente: Sánchez, F (2024). Simulación de motor [autoría propia].

Se incorpora un relé térmico para proteger el motor contra sobrecalentamientos y sobrecargas. Luego, se realiza la instalación del motor trifásico, que será alimentado a través del autotransformador, tal como se muestra en la Figura 4.9.

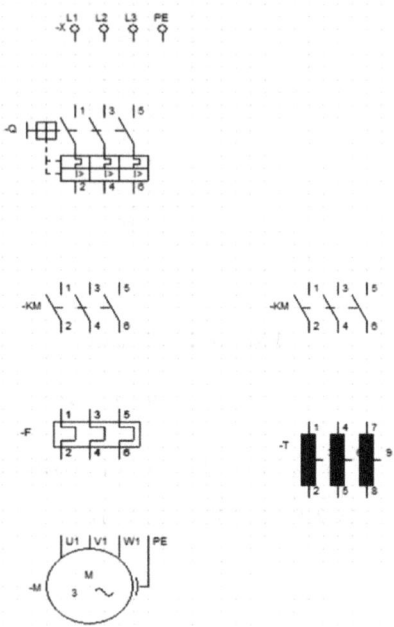

Figura 4.9 Relé térmico, motor trifásico y autotransformador.

Fuente: Sánchez, F (2024). Simulación de motor [autoría propia].

Es necesario utilizar cables trifásicos para realizar las conexiones punto a punto entre el disyuntor, los contactores, el autotransformador y el motor, tal como se muestra en la Figura 4.10. Se verifica que todas las conexiones sean seguras y correctas.

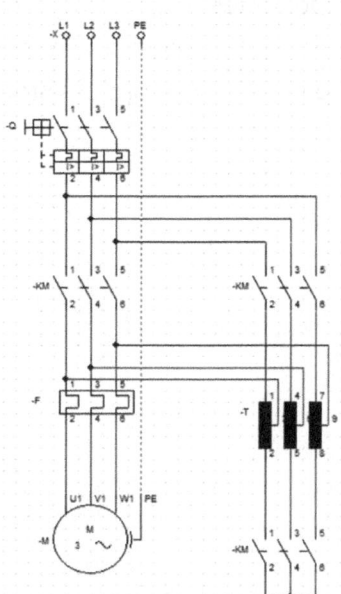

Figura 4.10 Conexión del circuito de potencia.

Fuente: Sánchez, F (2024). Simulación de motor [autoría propia].

Se coloca una línea electromagnética conectada a un disyuntor y se añade un contacto térmico cerrado, un pulsador abierto y un pulsador cerrado. También se agrega un contactor abierto en paralelo con el botón de inicio tal como se muestra en la Figura 4.11.

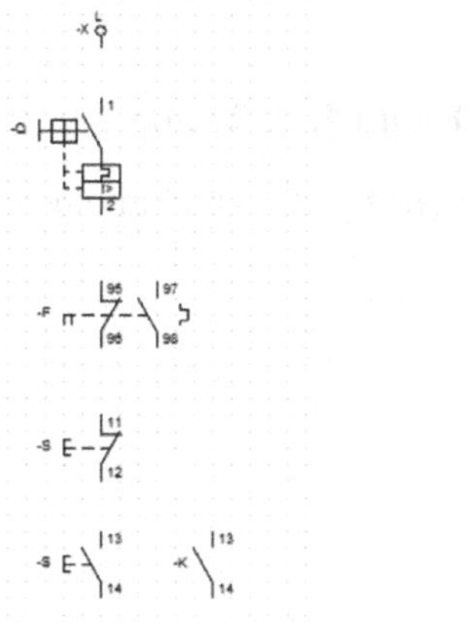

Figura 4.11 Disyuntores y pulsador.

Fuente: Sánchez, F (2024). Simulación de motor [autoría propia].

Se incorporan los componentes restantes, como contactores, contactos abiertos y cerrados y luces piloto. Todo esto se muestra en la Figura 4.12, de acuerdo con lo necesario para el control del sistema.

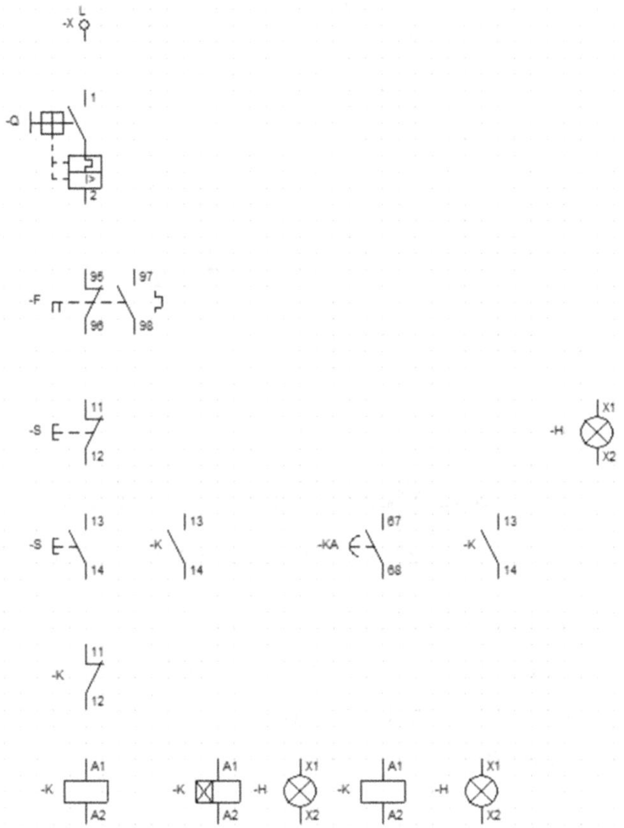

Figura 4.12 Bobinas, luz piloto y contactos.

Fuente: Sánchez, F (2024). Simulación de motor [autoría propia].

Se efectúa el cableado del circuito de control y se etiqueta cada componente para facilitar su identificación y comprensión, tal como se muestra en la Figura 4.13.

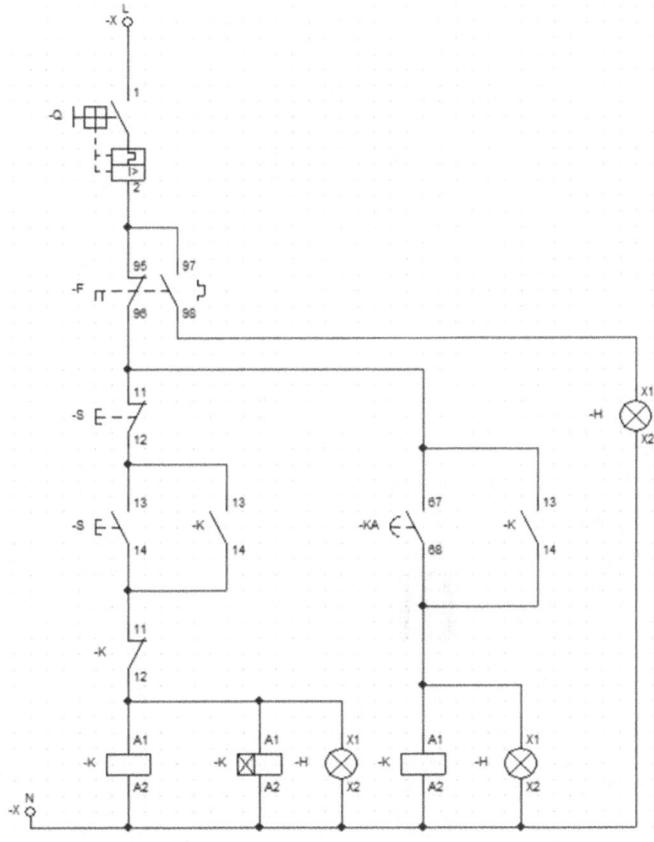

Figura 4.13 Conexión del circuito de control.

Fuente: Sánchez, F (2024). Simulación de motor [autoría propia].

Se observa y se realiza la revisión del circuito de potencia y el circuito de control, asegurándose de que cada uno tenga sus etiquetas correspondientes, como se muestra en la Figura 4.14.

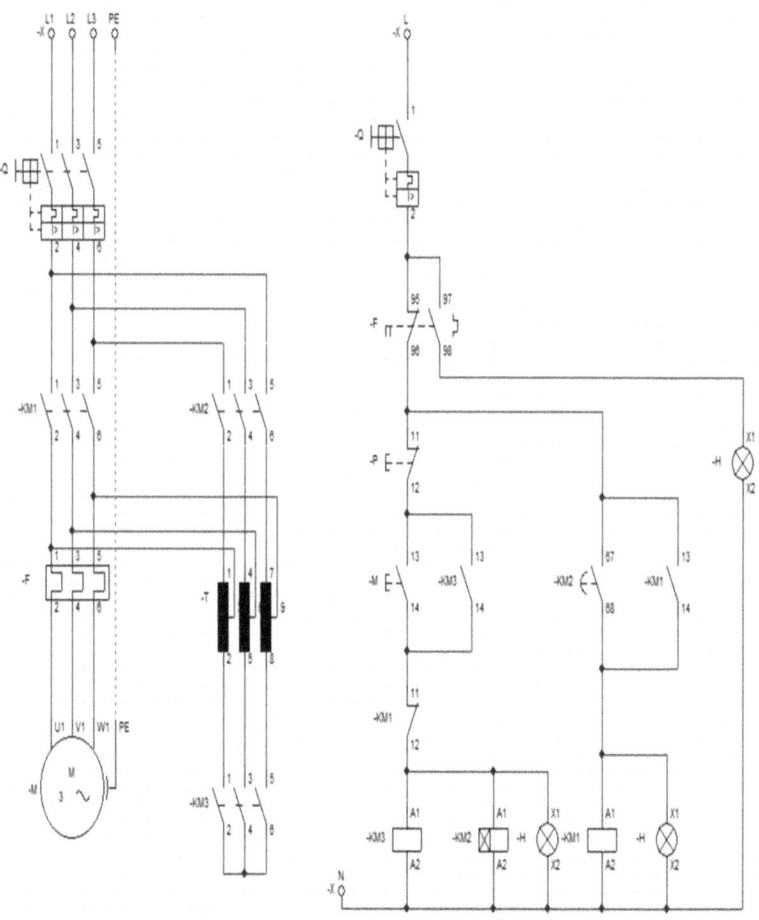

Figura 4.14 Circuito de potencia y control.

Fuente: Sánchez, F (2024). Simulación de motor [autoría propia].

Se inicia la simulación mostrada en la Figura 4.15 y se verifica que el disyuntor opere correctamente. El motor debe arrancar y el autotransformador debe desactivarse después del tiempo programado.

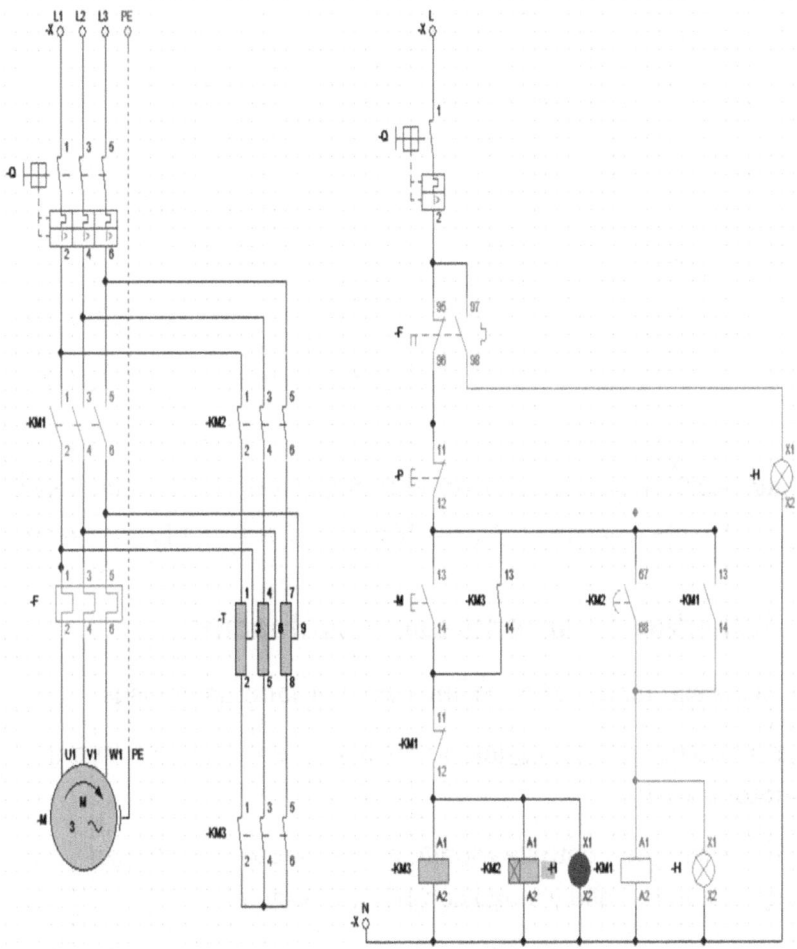

Figura 4.15 Simulación de arranque de motor por autotransformador.

Fuente: Sánchez, F (2024). Simulación de motor [autoría propia].

Durante la simulación, se verifica si el autotransformador se desactiva adecuadamente y si el motor continúa funcionando. En caso de fallas, la luz de fallo se encenderá para indicar un problema en la conexión, como se muestra en la Figura 4.16.

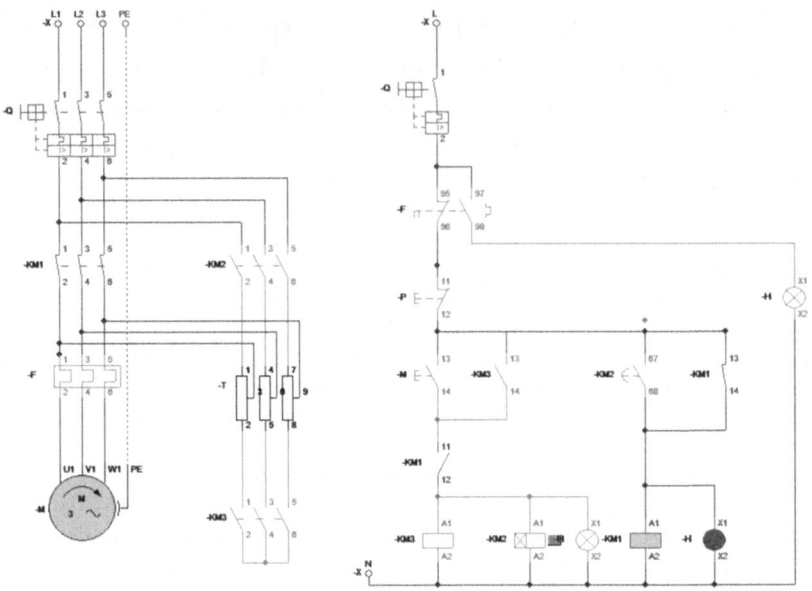

Figura 4.16 Fin de la simulación de arranque de motor por autotransformador.
Fuente: Sánchez, F (2024). Simulación de motor [autoría propia].

4.10 Actividad de aprendizaje y evaluación

Indique si las siguientes afirmaciones son verdaderas o falsas:

1. El arranque estrella-triángulo reduce la corriente de arranque de un motor trifásico. ( )

2. En el arranque estrella-triángulo, el motor comienza en configuración estrella y luego cambia a triángulo. ( )

3. El arranque estrella-triángulo es adecuado para motores de alta potencia. ( )

Seleccione la respuesta correcta según corresponda:

4. ¿Cuál es el propósito de la conexión estrella en el arranque estrella-triángulo?

 a) Reducir la tensión en el motor

 b) Aumentar la corriente de arranque

 c) Mejorar el voltaje

 d) Facilitar el control de la velocidad

5. ¿Qué sucede cuando el motor cambia de estrella a triángulo?

   a) La corriente de arranque disminuye

   b) La tensión aumenta

   c) La corriente de arranque aumenta

   d) La tensión disminuye

6. ¿Qué componente se utiliza para cambiar entre las conexiones estrella y triángulo?

   a) Relé

   b) Condensador

   c) Transformador

   d) Bobina

7. ¿Cuál es una desventaja del arranque estrella-triángulo?

   a) Mayor coste de instalación

   b) Menor corriente de arranque

   c) Menor coste de mantenimiento

   d) Mayor simplicidad

4.11 Conclusiones

El uso del autotransformador en el arranque de motores trifásicos permite una significativa reducción de la corriente de arranque, lo cual ayuda a proteger tanto el motor como los componentes de la red eléctrica de posibles sobrecargas o daños por picos de corriente.

Este método de arranque por autotransformador proporciona un arranque progresivo y controlado del motor, por lo que es ideal para aplicaciones industriales sensibles como bombas, ventiladores y compresores, donde un arranque brusco podría generar problemas mecánicos o eléctricos. La posibilidad de ajustar el voltaje de arranque según las necesidades del sistema brinda flexibilidad y eficiencia energética, adaptándose a diferentes condiciones de carga y requerimientos operativos.

Aunque el arranque por autotransformador es ventajoso en términos de reducción de corriente, no proporciona aislamiento galvánico entre el motor y la red, lo cual puede ser una desventaja en ciertos entornos industriales donde se requiere mayor seguridad eléctrica.

CAPÍTULO 5

MOTOR TRIFÁSICO POR RESISTENCIAS ESTATÓRICAS

5.1 Introducción

El arranque de un motor trifásico utilizando resistencias estáticas implica la adición de resistencias en serie con el motor durante el proceso de arranque. Esto reduce temporalmente el voltaje aplicado al motor, lo que disminuye la corriente de arranque y el estrés mecánico.

5.2 Motores eléctricos trifásicos

Los motores trifásicos (Figura 5.1) son actualmente los motores de potencia predominantes en la industria debido a su alta eficiencia energética, resultado de una carga equilibrada entre las tres fases. Están diseñados de manera robusta para funcionar de manera continua y eficiente, lo que les proporciona una mayor estabilidad en comparación con los motores monofásicos. La configuración trifásica genera un par motor más equilibrado, lo que disminuye las vibraciones y el desgaste mecánico.

No obstante, los motores trifásicos presentan un gran inconveniente en su arranque: la corriente de arranque de un motor trifásico es muy alta, se estima que puede llegar a ser de 4 a 8 veces la corriente nominal.

Figura 5.1 Motor trifásico.

Fuente: Información obtenida de Farina (2018).

¿Sabías qué...?

El motor trifásico emplea resistencias conectadas en serie durante el arranque para disminuir el voltaje aplicado, lo que limita la corriente de arranque. Estas resistencias se retiran gradualmente a medida que el motor alcanza su velocidad nominal, permitiendo que funcione con su voltaje completo.

5.3 Resistencias estatóricas

5.3.1 Principio de operación de las resistencias estatóricas

Las resistencias estatóricas se conectan en serie con cada fase del circuito de alimentación del motor, lo que incrementa deliberadamente la impedancia total del sistema. Este aumento de impedancia permite reducir y controlar la corriente de arranque, mitigando así los picos iniciales característicos de los motores trifásicos.

El principio de operación se basa en la ley de Ohm, donde la corriente (*I*) es inversamente proporcional a la resistencia (*R*) para una tensión (*V*) constante:

$$I = \frac{V}{R}$$

donde:

- *V* es la tensión aplicada en voltios *[V]*.
- *I* es la corriente que pasa por el circuito en amperios *[A]*.
- *R* es la resistencia en el circuito en Ohmios *[Ω]*.

Al introducir resistencias estatóricas, se eleva el valor de *R*, lo que disminuye *I* durante el arranque.

Este método de arranque es usualmente utilizado en motores de mediana potencia (Roldán, 2010).

5.3.2 Datos característicos del arranque por resistencias estatóricas

5.3.2.1 Cálculo de las resistencias

Las resistencias deberán colocarse en un lugar ventilado y, además, se deben colocar las respectivas protecciones, como limitadores térmicos para arranques consecutivos (Roldán, 2010).

Resistencias a colocarse por fase:

$$R = 0.0551 \left(\frac{V}{I_n} \right)$$

donde:

- *R* es la resistencia por fase en ohmios *[Ω]*.
- *V* es la tensión de la red en voltios *[V]*.
- I_n es la intensidad nominal del motor en amperios *[A]*.

5.3.2.2 Par de arranque (M_{ar})

El par de arranque por medio de resistencias estatóricas se calcula de la siguiente forma:

$$M_{ar} = \left(\frac{U_{ar}}{U}\right)^2 \cdot M_{ap} \ [Nm]$$

donde:

- M_{ar} es el par de arranque en $[Nm]$.
- U_{ar} es la tensión de arranque, en voltios *[V]*.
- U es la tensión de línea en voltios *[V]*.
- M_{ap} es el par a motor parado en $[Nm]$.

5.3.2.3 Intensidad de arranque

Para calcular la intensidad de arranque usamos la siguiente fórmula:

$$I_{ar} = \left(\frac{U_{ar}}{U}\right) \cdot I_{ca}$$

donde:

- I_{ar} es la intensidad de arranque en amperios *[A]*.
- I_{ca} es la intensidad a motor calado en amperios *[A]*.
- I_{ar} es la intensidad de arranque en amperios *[A]*.
- U_{ar} es la tensión de arranque en voltios *[V]*.
- U es la tensión de línea en voltios *[V]*.

5.3.2.4 Cálculo de pérdidas por efecto Joule

La corriente eléctrica produce efectos caloríficos, los cuales se pueden medir por medio de la ley de Joule, que dice: «El calor producido por una corriente eléctrica es directamente proporcional a la RESISTENCIA del conductor, a la INTENSIDAD elevada al cuadrado y al TIEMPO que dure circulando esta corriente» (Mantilla, 1985, p. 45).

La fórmula para calcular las pérdidas por el efecto Joule es:

$$Q = I^2 \cdot R \cdot t$$

donde

- Q es el calor generado en Wattios $[W]$.
- I es la corriente eléctrica en amperios *[A]*.
- R es la resistencia del conductor en ohmios *[Ω]*.
- t es el tiempo en segundos *[s]*.

5.3.3 Análisis comparativo

5.3.3.1 Arranque con resistencias estatóricas frente a otros métodos

En la siguiente tabla se detallan las principales características del arranque con resistencias estatóricas:

Concepto	Características
Corriente de arranque	Ia hasta 4.5 In
Par de arranque	Ma entre 0.5 y 0.8 Mn
Ventajas	Menor consumo de corriente en el arranque, permitiéndolo que permite regular dicha corriente de arranque
Desventajas	Precisa de resistencias de alta potenciales y específicas para un solo motor Reducción del par de arranque
Aplicaciones	Para máquinas con fuerte inercia sin problemas de par a intensidad de arranque
Coste	Resistencias de pequeña potencia entre 20-100 $ USD Resistencias industriales (5 a 50 HP) entre 100-500 $ USD Resistencias industriales (>50 HP) entre 500-3000 $ USD

Tabla 5.1 Arranque con resistencias estatóricas.

Fuente: Roldán (2010).

En la siguiente tabla se detallan las principales características del arranque con resistencias estatóricas:

Concepto	Características
Corriente de arranque	Ia entre 1.7 y 3.5 In
Par de arranque	Ma entre 0.4 y 0.85 Mn
Tiempo medio de arranque	7 a 12 s
Ventajas	Buena relación par/intensidad Se puede regular la intensidad de arranque No hay corte de corriente durante el arranque
Desventajas	Precisa de un equipo especial de autotransformador Equipo caro
Aplicaciones	Para máquinas de fuerte inercia y potencia
Coste	Pequeña potencia (5-20HP) entre 500-1500 $ USD [Autotransformador + contactores] Media potencia (20 a 100 HP) entre 1500-5000 $ USD [Autotransformador + contactores + protecciones térmicas] Resistencias industriales (>100 HP) entre 5000-15000 $ USD [sistema completo con electrónica de control (PLC, relés)]

Tabla 5.2: Arranque por autotransformador.

Fuente: Roldán (2010).

5.3.4 Actividad práctica: simulación de arranque de un motor trifásico por resistencias estatóricas

5.3.4.1 Simulación

Se modeló un motor de inducción trifásico de 5 kW,400 V, 50 Hz y 4 polos. Condiciones iniciales: $t_0 = 0\,s$, $s_0 = 1$. Tension con rampa DOL de 0.1 s. Carga tipo ventilador $T_L(w) = kw^2$ con $k = 1.43 * \frac{10^{-3} Nms^2}{rad^2}$, inercia total $J = 0.15\,kgm^2$. La velocidad sincronica es $N_s = 1500\,rpm$ y la velocidad final esperada es $N_f = 1450\,rpm$, $s_n = 3.33\,\%$.

Se instalan los contactores necesarios junto con resistencias estáticas para limitar la corriente durante el arranque del motor.

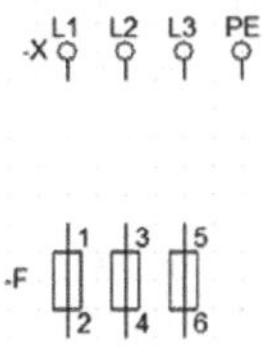

Figura 5.2 Líneas de alimentación y fusibles.

Fuente: Sánchez, F (2024). Simulación de motor [autoría propia].

Se instalan los contactores necesarios junto con resistencias estáticas para limitar la corriente durante el arranque del motor.

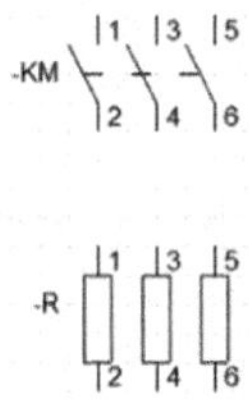

Figura 5.3 Contactos y resistencias.

Fuente: Sánchez, F (2024). Simulación de motor [autoría propia].

Se instala un relé térmico para protección contra sobrecargas y se conecta el motor trifásico al circuito.

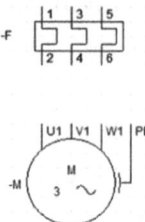

Figura 5.4 Relé térmico y motor trifásico.

Fuente: Sánchez, F (2024). Simulación de motor [autoría propia].

Se realizan las conexiones entre los contactores, las resistencias y el motor, garantizando una integración adecuada de todos los componentes del sistema.

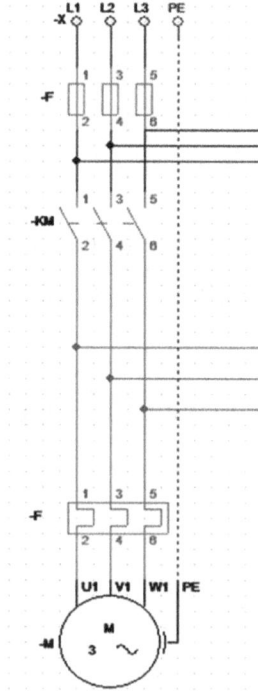

Figura 5.5 Conexión del circuito de potencia.

Fuente: Sánchez, F (2024). Simulación de motor [autoría propia].

Se incorporan los componentes del circuito de control, incluyendo pulsadores de arranque y parada para la operación segura del sistema, así como las bobinas.

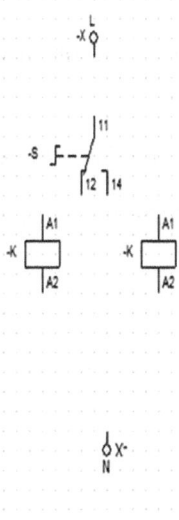

Figura 5.6 Componentes del circuito de control.

Fuente: Sánchez, F (2024). Simulación de motor [autoría propia].

Se implementa el circuito de control (Figura 5.7), configurando el sistema para permitir su activación y desactivación mediante los pulsadores de operación.

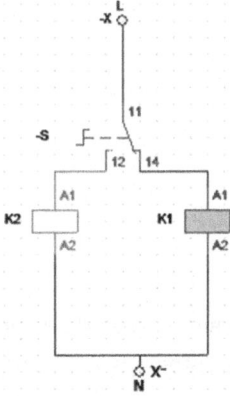

Figura 5.7 Conexión del circuito de control.

Fuente: Sánchez, F (2024). Simulación de motor [autoría propia].

5.3.4.2 Funcionamiento

Se realiza la simulación integral como se observa en la Figura 5.8 del circuito con los siguientes objetivos:

1. Garantizar el arranque adecuado del motor según sus parámetros nominales.

2. Verificar que el pulsador de parada (NC) actúe exclusivamente en condiciones de falla o emergencia.

Arranque con resistencias:

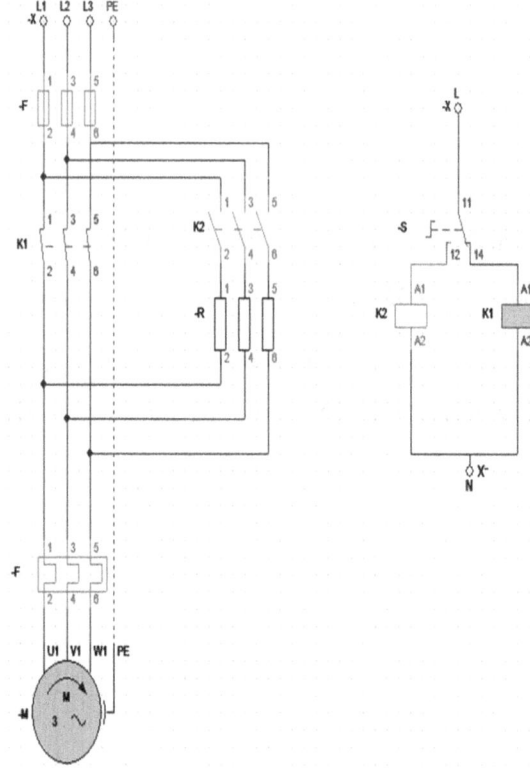

Figura 5.8 Finalización de la simulación de arranque de un motor trifásico por resistencias estatóricas.

Fuente: Sánchez, F (2024). Simulación de motor [autoría propia].

5.4 Impacto en el sistema y ventajas

La principal ventaja del arranque mediante resistencias estáticas es la disminución de la corriente de arranque, lo que protege tanto al motor como a la red eléctrica de posibles daños (Torres, 2023).

Este método también contribuye a prevenir picos de tensión que podrían interrumpir el funcionamiento de otros equipos conectados a la misma red, como se observa en los diagramas de arranque por resistencias estatóricas.

Sin embargo, las resistencias generan calor y pérdidas de energía, lo que puede requerir un mantenimiento adicional para evitar problemas de sobrecalentamiento (Torres, 2023).

A pesar de estas desventajas, el equilibrio entre el control de la corriente de arranque y la protección del sistema hace que esta técnica sea ampliamente utilizada en aplicaciones industriales.

5.5 Aplicaciones industriales

El arranque mediante resistencias estáticas se utiliza en diversas aplicaciones industriales que requieren un control preciso del inicio para reducir el impacto en la infraestructura. Esta técnica resulta especialmente beneficiosa en sistemas de transporte, compresores, bombas y cintas transportadoras en manufactura, donde un arranque suave es esencial para el funcionamiento continuo y seguro del equipo.

La implementación de resistencias estáticas también puede mejorar la eficiencia operativa y disminuir el desgaste de los componentes mecánicos y eléctricos. Por lo tanto, el uso de esta técnica en entornos industriales contribuye a extender la vida útil del equipo y a aumentar la estabilidad del sistema eléctrico (González, 2022).

5.6 Actividades de aprendizaje y evaluación

Indique si las siguientes afirmaciones son verdaderas o falsas:

1. El arranque de un motor trifásico por resistencias estáticas implica colocar resistencias en el circuito de línea durante el arranque. ( )

2. Las resistencias estáticas se eliminan una vez que el motor alcanza su velocidad nominal. ( )

3. El arranque por resistencias estáticas es adecuado para motores con alta inercia. ( )

Seleccione la respuesta correcta según corresponda:

4. ¿Cuál es el propósito de las resistencias estáticas en el arranque de un motor trifásico?

   a) Aumentar la tensión

   b) Disminuir la corriente de arranque

   c) Reducir el par de arranque

   d) Mejorar la eficiencia

5. ¿Qué tipo de resistencias se utilizan en el arranque de un motor trifásico?

   a) Resistencias de carbón

   b) Resistencias de cobre

   c) Resistencias de níquel

   d) Resistencias de acero

6. ¿Qué sucede con las resistencias durante el funcionamiento normal del motor?

   a) Permanecen en el circuito

   b) Se desconectan

   c) Aumentan la tensión

   d) Reducen la eficiencia

7. ¿Cuál es una desventaja del arranque por resistencias estáticas?

    a) Bajo coste de instalación

    b) Requiere dispositivos adicionales

    c) Bajo mantenimiento

    d) Menor control de velocidad

5.7 Conclusiones

El arranque con resistencias estatóricas se consolida como una solución técnica eficaz para motores trifásicos, al reducir significativamente la corriente de arranque y proteger la integridad del sistema eléctrico. Su simplicidad de implementación y bajo coste lo hacen ideal para aplicaciones con cargas de inercia media, aunque requiere una cuidadosa selección de los valores óhmicos y tiempos de bypass para evitar sobrecalentamientos. Este método no solo optimiza el rendimiento inicial del motor, sino que también sienta las bases para comprender sistemas de control más avanzados, como los arrancadores suaves o variadores de frecuencia, que se abordarán en próximos capítulos. Adicionalmente, se muestra en la tabla la comparación con los arranques propuestos en los capítulos 3 y 4.

Método de arranque	Principio de funcionamiento	Reducción de corriente de arranque	Costo	Complejidad
Arranque directo (DOL)	El motor se conecta directamente a la red	100 % (sin reducción)	Bajo	Muy baja
Arranque estrella-triángulo (Y–Δ)	Se inicia en conexión estrella (baja tensión de fase), luego pasa a triángulo	33 % de la corriente DOL	Medio	Media.
Arranque por resistencias estatóricas	Se insertan resistencias en serie con el estator durante el arranque y se eliminan progresivamente	30–60 % de la corriente DOL	Medio	Media
Arranque por autotransformador	Usa un autotransformador para reducir la tensión aplicada al motor durante el arranque	40–70 % de la corriente DOL (según tap)	Medio-alto	Alta
Arranque con variador de frecuencia (VFD)	Controla la frecuencia y tensión de alimentación durante el arranque	Ajustable (corriente < In)	Alto	Alta

Tabla 5.2a Comparación de métodos de arranque.

Fuente: Elaboración propia.

Método de arranque	Aplicaciones típicas	Ventajas principales	Desventajas principales
Arranque directo (DOL)	Pequeños motores (< 5 HP)	Simplicidad, bajo coste, fácil mantenimiento	Alta corriente de arranque (5–8× In), caídas de tensión
Arranque estrella–triángulo (Y–Δ)	Motores ≥ 7.5 HP con devanado accesible	Reduce corriente sin equipos costosos, ampliamente usado	Solo para motores con 6 terminales; par reducido, transición brusca
Arranque por resistencias estatóricas	Motores medianos; sistemas antiguos	Control simple, coste moderado	Pérdida de energía en resistencias, baja eficiencia
Arranque por autotransformador	Motores de gran potencia (> 30 HP)	Buena reducción de corriente con mejor par que Y–Δ	Requiere autotransformador grande; transición brusca posible
Arranque con variador de frecuencia (VFD)	Aplicaciones modernas de precisión o eficiencia	Control total del arranque, sin golpes mecánicos, ahorro energético	Coste elevado, requiere electrónica sensible y filtrado armónico

Tabla 5.2b Comparación de métodos de arranque.

Fuente: Elaboración propia.

CAPÍTULO 6

PRINCIPIOS DE FUNCIONAMIENTO DE UN MOTOR MONOFÁSICO DE FASE PARTIDA

6.1 Introducción

El motor monofásico de fase partida es un tipo de motor de corriente alterna diseñado para arrancar y operar en sistemas eléctricos monofásicos. Este motor incluye un devanado auxiliar o un capacitor adicional que genera un campo magnético rotativo, lo que facilita el arranque. Una vez que el motor alcanza una velocidad específica, el sistema de arranque se desconecta, permitiendo que el motor funcione únicamente con el devanado principal.

6.2 Alcance

El motor monofásico de fase partida es ideal para aplicaciones de baja potencia, como electrodomésticos, herramientas eléctricas y pequeños equipos industriales. Su diseño simple facilita su implementación en sistemas domésticos y comerciales. Aunque es eficiente para ciertos usos, su capacidad de arranque es limitada en comparación con los motores trifásicos, y no es adecuado para cargas de alta potencia o aplicaciones que requieren arranques frecuentes.

6.3 Motor monofásico

Los motores monofásicos (Figura 6.1) están diseñados para operar con una única fase de corriente alterna. A diferencia de los motores trifásicos, que generan un campo magnético giratorio mediante tres fases desfasadas, los motores monofásicos enfrentan un desafío considerable al momento de arrancar, ya que el campo magnético producido por una sola fase es pulsante y no rotatorio. Este tipo de motor requiere un mecanismo adicional para superar el par de arranque insuficiente, lo que de otro modo impediría que el motor iniciara o funcionara correctamente (Fernández, 2022).

Figura 6.1 Motor monofásico.
Fuente: Información tomada de Mantenimiento eléctrico (2023).
COMERCIAL@COMPRACO.COM

6.4 Principio de funcionamiento

El principio fundamental de operación de un motor monofásico se basa en la interacción de campos magnéticos generados por la corriente alterna. Cuando una corriente alterna fluye a través de una bobina, se produce un campo magnético pulsante (todo esto se muestra de mejor manera en la Figura 6.2). Para que el motor funcione de manera continua, es necesario contar con un campo magnético giratorio, el cual no se genera de forma natural en un sistema monofásico. Para superar esta limitación, se emplean mecanismos adicionales como bobinas de arranque y condensadores, que permiten crear un campo magnético rotatorio durante el arranque del motor (Fernández, 2022).

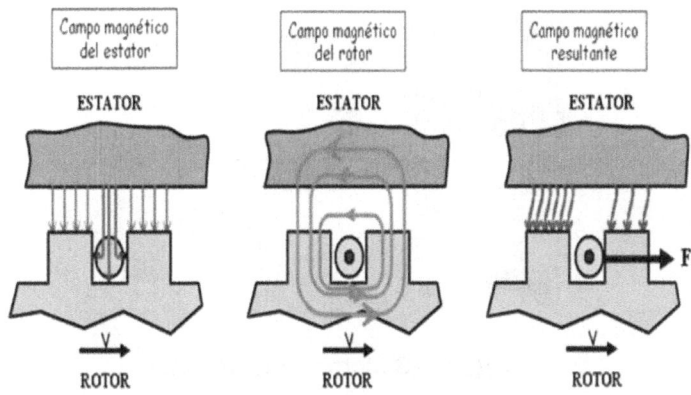

Figura 6.2 Campo magnético giratorio.

Fuente: Información tomada de José Ramón López (2024).

6.5 Tipos de motores monofásicos

- **Motor monofásico de arranque por condensador**

  Este tipo de motor emplea un condensador en serie con la bobina de arranque para generar un par de arranque mayor. El condensador se desconecta automáticamente cuando el motor alcanza una velocidad estable (López, 2021).

- **Motor monofásico de condensador permanente**

  En este caso, el condensador permanece conectado durante el funcionamiento normal del motor, lo que mejora el rendimiento en términos de eficiencia y par de arranque (López, 2021).

- **Motor monofásico de díaz**

  Utiliza una bobina adicional y un condensador para crear un campo magnético rotatorio. La bobina de arranque se desconecta automáticamente cuando el motor alcanza una velocidad predeterminada (López, 2021).

- **Motor monofásico con capacitor de funcionamiento**

  Similar al motor de condensador permanente, pero con un condensador de menor capacidad que permanece conectado durante todo el funcionamiento del motor, lo que ayuda a mejorar el factor de potencia (López, 2021).

Figura 6.3 Motores monofásicos.

Fuente: Información tomada de areatecnología, 2023.

Motores monofásicos	
Los motores monofàsicos se utilizan ampliamente en potencias pequénas y medianas. Al alimentarse con una sola fase, su campo magnético no gira, por lo que necesitan un mètodo auxiliar de arranque. Los tres	
Motor con capacitor de arranque	Utiliza un devanado auxiliar y un capacitor grande conectado en serie sòlo durante el arranque. Genera un dèsfase cercano a 90° entre las corriéntes, produciendo un campo giratorio inicial y un alto par de arranque. El capacitor se desconecta por un intérruptor centrifugo cuando el motor alcanza el 70-80% de su velocidad nominal.
Motor con capacitor permanente	Emplea un capacitor permanente: Proporciona un aucierto más silencioso y mayor factor de poténcia, aunque el par de arranque es inferior al del tipo anterior.
Motor de polos sombreados	Cada polo del estator posee una espira de cobre (anillo de sombreado) que provoca un pequeño desfase en el flujo magético. Esto da lugar a un campo giratorio debii pero suficiente

Fuente: Adaptado de Chapman (2012).

6.6 Componentes principales

- **Estator**

  La parte estacionaria del motor que contiene los devanados que generan el campo magnético.

- **Rotor**

  La parte móvil del motor que gira dentro del estator.

- **Bobina de arranque**

  Una bobina adicional en ciertos tipos de motores monofásicos que ayuda en el arranque del motor

- **Condensador**

    Dispositivo que se utiliza para crear un desfase en algunos tipos de motores monofásicos, mostrado en la Figura 6.4, que contribuye a generar el par de arranque (Chapman, 2017).

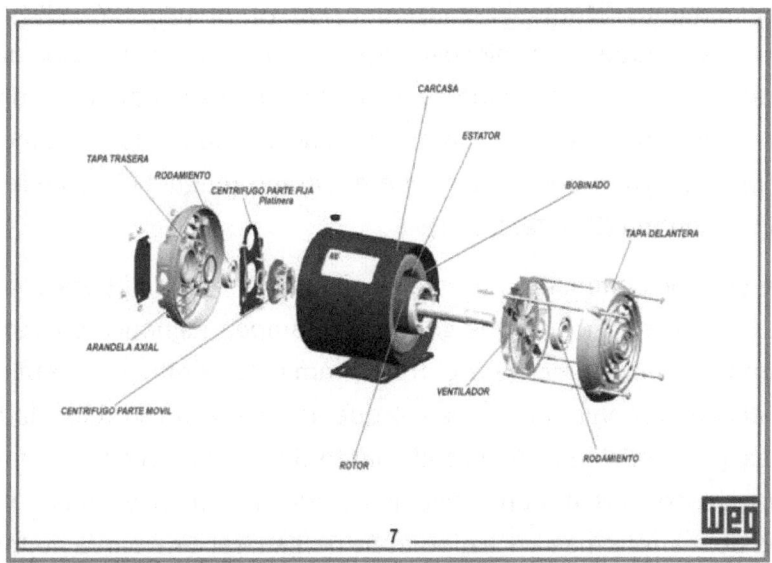

Figura 6.4 Componentes del motor monofásico.

Fuente: Información tomada de López Silva (2023).

6.7 Funcionamiento del motor monofásico

Durante el proceso de arranque de un motor monofásico, se requieren mecanismos adicionales debido a la naturaleza de la corriente alterna monofásica. En un primer momento, el motor utiliza una combinación de condensador y bobina de arranque para generar un campo magnético rotatorio. La bobina de arranque se conecta en serie con un condensador, que introduce un desfase en la corriente eléctrica. Este desfase produce un campo magnético rotatorio en el estator, lo que proporciona el par de arranque necesario para que el rotor comience a girar (Ortega, 2021).

El condensador es fundamental en esta fase porque crea una diferencia de fase entre las corrientes en la bobina principal y la bobina de arranque. Esta diferencia de fase genera un campo magnético giratorio que supera el par de arranque insuficiente que caracteriza a los motores monofásicos sin fase partida. Este par de arranque adicional es crucial para iniciar el motor de manera exitosa y evitar problemas como el estancamiento o el arranque defectuoso (Ortega, 2021).

Una vez que el motor alcanza una velocidad adecuada, el condensador se desconecta automáticamente del circuito a través de un interruptor centrífugo o un relé de arranque. Este dispositivo se activa cuando el rotor alcanza una velocidad establecida y desconecta el condensador y la bobina de arranque del circuito. Esto permite que el motor continúe funcionando únicamente con la bobina principal, que ahora mantiene el campo magnético necesario para su operación continua (Ortega, 2021).

Durante su funcionamiento normal, el motor monofásico opera con una única bobina, la bobina principal, que genera un campo magnético pulsante. Aunque este campo no es óptimo para el funcionamiento continuo, es suficiente para mantener el motor en marcha una vez que ha alcanzado su velocidad operativa. Sin embargo, la eficiencia y el rendimiento del motor pueden ser inferiores en comparación con los motores trifásicos, que producen un campo magnético rotatorio de manera más eficaz, además de generar una curva de torque de un comportamiento similar al mostrado en la Figura 6.5 (Ortega, 2021).

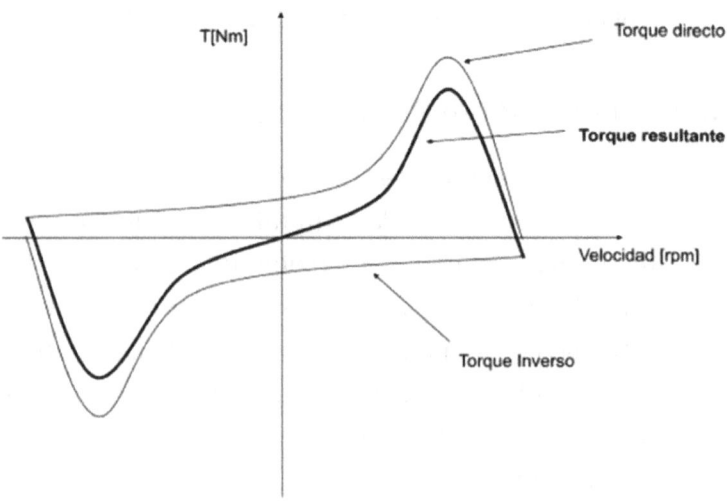

Figura 6.5 Curva de motor monofásico.

Fuente Información tomada de studocu, 2021.

6.8 Motor monofásico de fase partida

- **Diseño y componentes**

  La estructura del motor monofásico de fase partida se muestra en la Figura 6.6 y consta de los siguientes elementos:

- **Bobina principal**

  La bobina principal es el componente fundamental del motor que recibe la corriente alterna de manera directa. Esta bobina es responsable del funcionamiento continuo del motor una vez que ha comenzado a girar (Ramírez, 2022).

- **Bobina de arranque**

  La bobina de arranque, también conocida como bobina de fase partida, está conectada en serie con un condensador. Esta bobina proporciona una fase adicional durante el arranque, lo que contribuye a la creación de un campo magnético rotatorio. Esta fase extra es esencial para superar el bajo par de arranque de los motores monofásicos convencionales (Ramírez, 2022).

- **Condensador**

  El condensador es un componente crucial que genera una diferencia de fase entre la bobina principal y la bobina de arranque. Esta diferencia de fase produce un campo magnético giratorio que facilita el arranque del motor. Una vez que el motor alcanza una velocidad estable, el condensador se desconecta automáticamente a través de un interruptor centrífugo o un relé (Ramírez, 2022).

- **Funcionamiento**

  El funcionamiento del motor monofásico de fase partida se basa en la creación de un campo magnético giratorio durante el arranque. El condensador y la bobina de arranque generan una fase adicional que proporciona el par necesario para iniciar el motor. Después del arranque, el condensador se desconecta y el motor opera únicamente con la bobina principal (Ramírez, 2022).

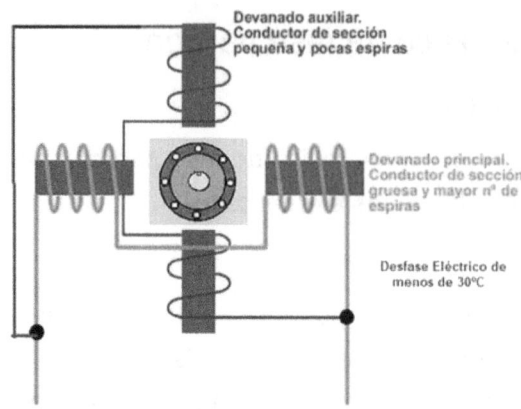

Figura 6.6 Motor de fase partida.

Fuente: Información tomada de are tecnología, 2023 (Areatecnología.com).

6.9 Aplicaciones y beneficios

- **Aplicaciones**

  Los motores monofásicos de fase partida se emplean en una amplia variedad de aplicaciones que demandan un arranque suave y eficiente. Estas aplicaciones incluyen:

  - **Electrodomésticos:** Como refrigeradores, ventiladores y lavadoras, donde se necesita un arranque suave y un funcionamiento confiable (García, 2023).

  - **Herramientas eléctricas:** En dispositivos como taladros, sierras y bandas transportadoras (Figura 6.7), donde un arranque rápido es fundamental (García, 2023).

  - **Bombas de agua:** En sistemas de riego y abastecimiento de agua, donde se requiere un arranque confiable y un rendimiento constante (García, 2023).

  El principal beneficio del motor monofásico de fase partida radica en su capacidad para arrancar con un par elevado, lo que optimiza su rendimiento en aplicaciones donde el arranque es fundamental. Esta eficiencia en el arranque contribuye a una mayor fiabilidad y extiende la vida útil del motor (Ramírez, 2022).

Figura 6.7 Banda transportadora.

Fuente: Información tomada de tecnoedu, 2023 (Tecnoedu.com).

6.10 Actividades prácticas

- **Caso 6.** Motor monofásico de fase partida

Se ubican correctamente las tres fases del motor bobinado conforme al diagrama de conexión, asegurándose de que las terminales estén identificadas según la normativa técnica y que la instalación eléctrica cumpla con los requisitos necesarios para garantizar un funcionamiento seguro, eficiente y sin desequilibrios de fase, tal y como se muestra en la Figura 6.8.

Figura 6.8 Líneas de alimentación.

Fuente: Sánchez, F (2024). Simulación de motor [autoría propia].

Se instala un disyuntor como dispositivo de protección del sistema, con el objetivo de interrumpir automáticamente el suministro eléctrico en caso de sobrecargas y garantizarla desconexión cuando la corriente exceda el umbral de densidad admisible según las especificaciones del circuito.

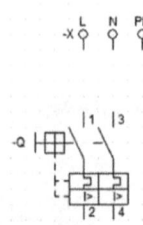

Figura 6.9 Disyuntor.

Fuente: Sánchez, F (2024). Simulación de motor [autoría propia].

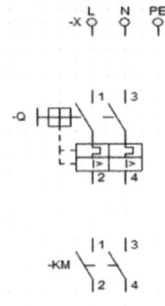

Figura 6.10 Contacto II.

Fuente: Sánchez, F (2024). Simulación de motor [autoría propia].

Se coloca el motor monofásico, el cual cumple la función de ejecutar el arranque del sistema, asegurando una puesta en marcha adecuada según las condiciones de operación previstas.

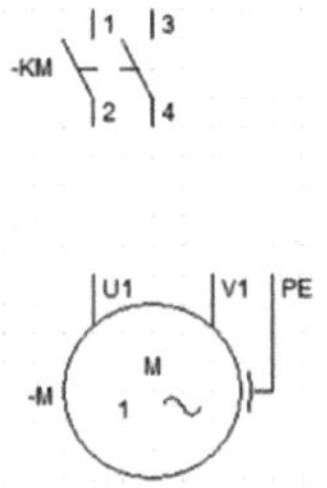

Figura 6.11 Motor monofásico.

Fuente: Sánchez, F (2024). Simulación de motor [autoría propia].

Se efectúan las conexiones correspondientes entre los componentes del circuito de potencia, asegurando la correcta integración de todos los elementos según el diseño eléctrico, lo que da como resultado la conexión de la Figura 6.12, con el fin de garantizar un funcionamiento seguro y eficiente del sistema.

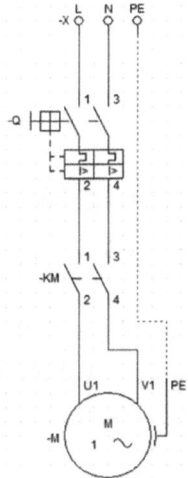

Figura 6.12 Conexión del circuito de potencia.

Fuente: Sánchez, F (2024). Simulación de motor [autoría propia].

Se colocan los elementos necesarios para el control del motor, incluyendo la alimentación principal y el interruptor automático, asegurando así una protección adecuada y un manejo eficiente del sistema.

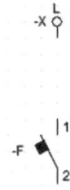

Figura 6.13 Línea de alimentación y automático.

Fuente: Sánchez, F (2024). Simulación de motor [autoría propia].

Se completa el circuito de control incorporando los componentes restantes, tales como contactores, relés y luces piloto, asegurando así la correcta interconexión y funcionalidad de todos los elementos para el adecuado monitoreo y operación del sistema.

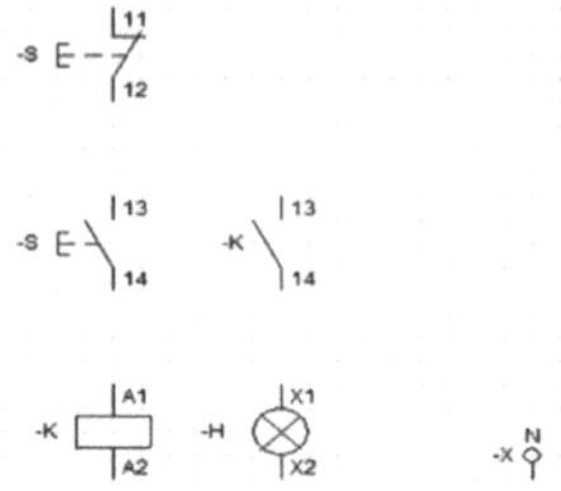

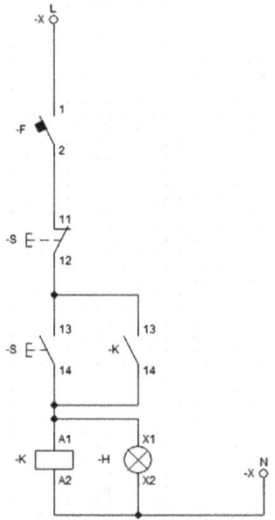

Figura 6.14 Pulsadores NA/NC, contacto, bobinas y luz piloto.

Fuente: Sánchez, F (2024). Simulación de motor [autoría propia].

Se construye el circuito de control y se configuran todos los componentes para permitir la correcta habilitación y deshabilitación del sistema mediante el botón de parada, garantizando así un control seguro y eficiente.

Figura 6.15 Conexión del circuito de control.

Fuente: Sánchez, F (2024). Simulación de motor [autoría propia].

Se finaliza la conexión de ambos circuitos y se realiza una simulación funcional para verificar que el diagrama esté correctamente armado y que el sistema opere sin fallas, asegurando así la integridad y confiabilidad del montaje.

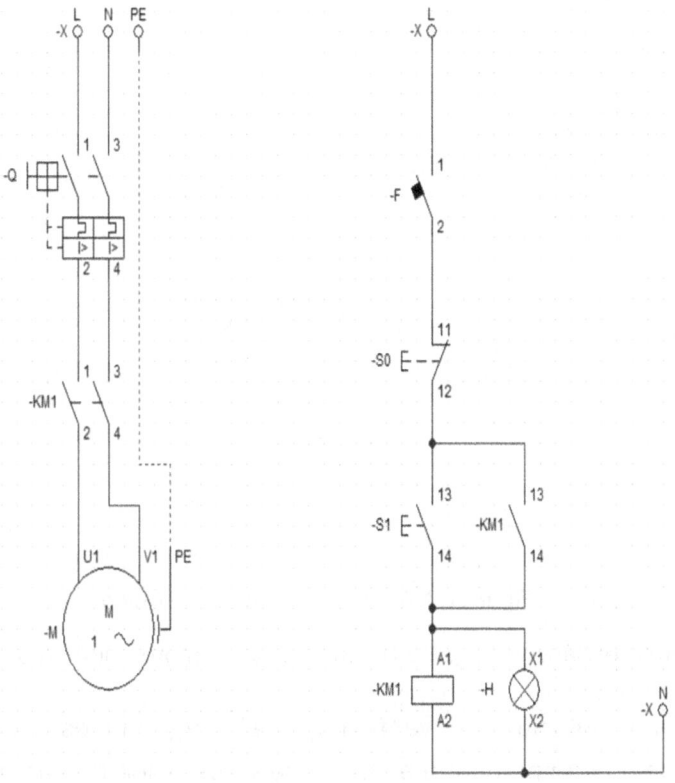

Figura 6.16 Circuito de potencia y circuito de control.

Fuente: Sánchez, F (2024). Simulación de motor [autoría propia].

Se realiza la simulación del circuito de la Figura 6.17 para validar su correcto desempeño y asegurarla activación adecuada del disyuntor ante condiciones de sobrecorriente y que el botón de paro opere exclusivamente en casos de fallo o emergencia.

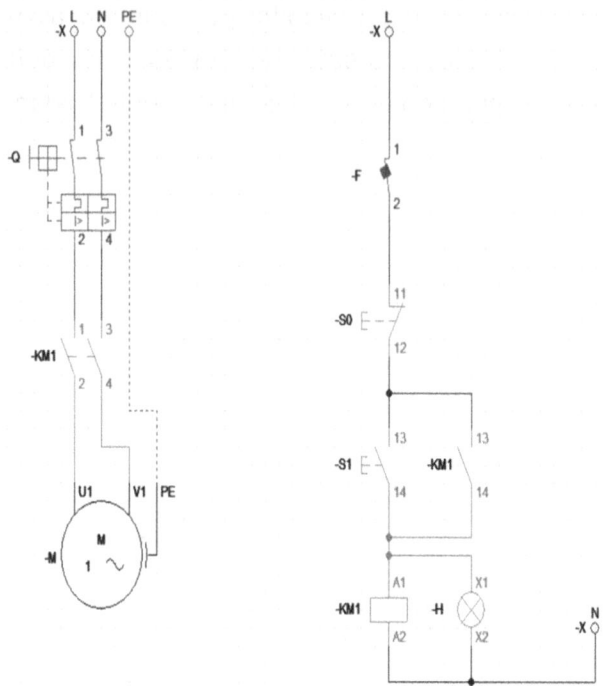

Figura 6.17 Activación de relé térmico.

Fuente: Sánchez, F (2024). Simulación de motor [autoría propia].

Durante la simulación, se verifica que el diagrama esté correctamente configurado, lo que permitiría el arranque y operación del motor conforme a las especificaciones. El botón de parada se activa únicamente ante la detección de fallas o averías en el motor.

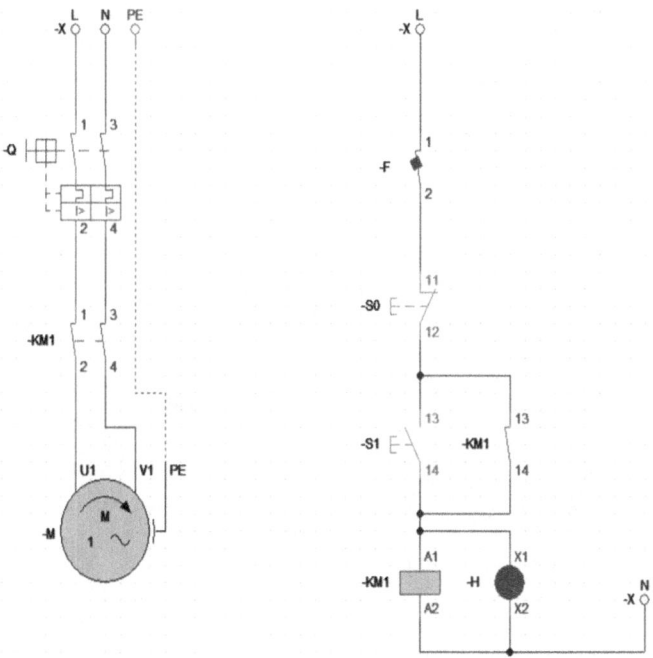

Figura 6.18 Simulación de motor monofásico en fase partida.

Fuente: Sánchez, F (2024). Simulación de motor [autoría propia].

Se concluye que el diseño del sistema para el motor monofásico de fase partida está correctamente elaborado, lo que permite proceder con la ejecución de la práctica en los paneles de control del instituto, minimizando el riesgo de errores operativos.

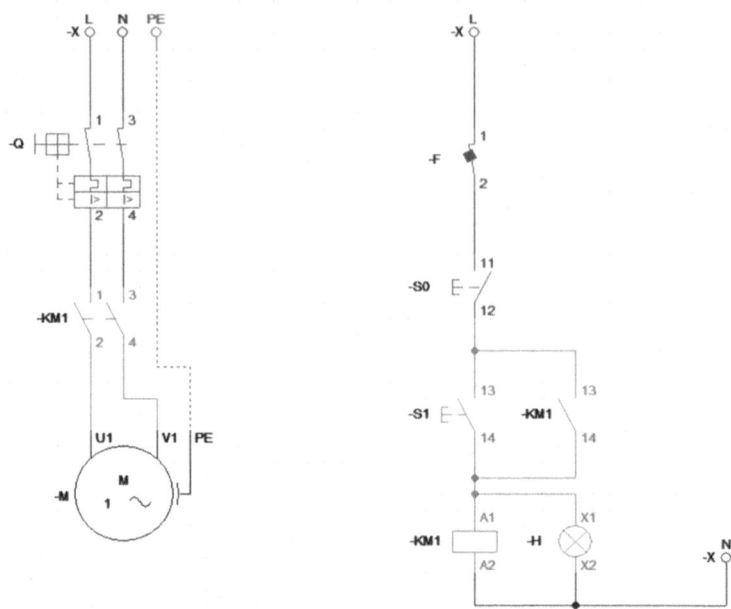

Figura 6.19 Finalización de la simulación de motor monofásico en fase partida.

Fuente: Sánchez, F (2024). Simulación de motor [autoría propia].

- **Motor monofásico**

  - **Inversión de giro**

    Para realizar la inversión de giro del motor monofásico se presenta el diagrama de conexión de la práctica en la Figura 6.20.

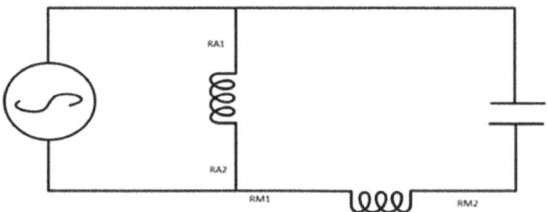

Figura 6.20 Diagrama de conexión.

Fuente: Sánchez, F (2024). Simulación de motor [autoría propia].

- **Practica de inversión de giro**

Se seleccionan cuidadosamente los componentes necesarios para la instalación, incluyendo un motor monofásico, un capacitor de arranque y un disyuntor para la protección del circuito.

Figura 6.21 Conexión de motor monofásico.

Fuente: Sánchez, F (2024). Simulación de motor [autoría propia].

Se inicia la conexión de la alimentación eléctrica al motor monofásico, asegurando el cumplimiento de las normas de seguridad vigentes para prevenir posibles incidentes durante la instalación (Figura 6.22).

Figura 6.22 Accionamiento de fuente de alimentación.

Fuente: Sánchez, F (2024). Simulación de motor [autoría propia].

Se procede a realizar la conexión inicial del motor en sentido horario mediante la inversión de giro. Se mide la corriente con una pinza amperimétrica, que registra un consumo de 12.97 A, tal y como se muestra en la Figura 6.23.

Figura 6.23 Conexión inicial.

Fuente: Sánchez, F (2024). Simulación de motor [autoría propia].

Se verifica que el motor monofásico gire en la dirección correcta (sentido horario) mediante observación visual y medición de corriente para confirmar el sentido de rotación.

Figura 6.24 Sentido horario.

Fuente: Sánchez, F (2024). Simulación de motor [autoría propia].

Para invertir el sentido de giro a antihorario, se intercambian las conexiones del capacitor de arranque mostradas en la Figura 6.25. Posteriormente, se realiza una nueva medición de corriente, que registra un consumo de 3.70 A.

Figura 6.25 Conexión en sentido antihorario.

Fuente: Sánchez, F (2024). Simulación de motor [autoría propia].

Se confirma nuevamente que el motor gira en dirección antihoraria. Esta verificación es esencial para garantizar la correcta inversión del sentido de giro.

Figura 6.26 Sentido antihorario.

Fuente: Sánchez, F (2024). Simulación de motor [autoría propia].

Se concluye el proceso verificando que la inversión del sentido de giro se ha efectuado correctamente y que todos los componentes del sistema operan conforme a lo esperado.

- **Control de velocidad del motor monofásico**

  Para el control de velocidad de un motor monofásico se presenta un diagrama de conexión en la Figura 6.27.

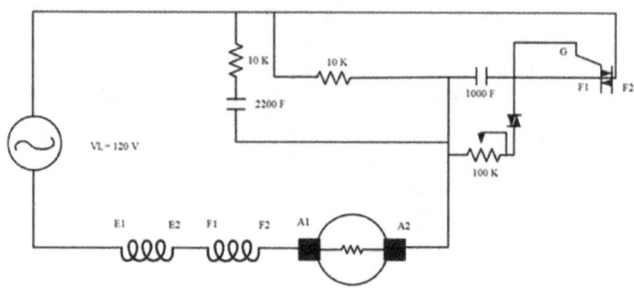

Figura 6.27 Diagrama de control de velocidad.

Fuente: Sánchez, F (2024). Simulación de motor [autoría propia].

- **Practica de control de velocidad**

  Se inicia el proyecto de control de velocidad identificando los elementos esenciales: un motor monofásico, un capacitor, un disyuntor para la protección del circuito y un dispositivo de control de velocidad colocados tal y como se muestra en la Figura 6.28.

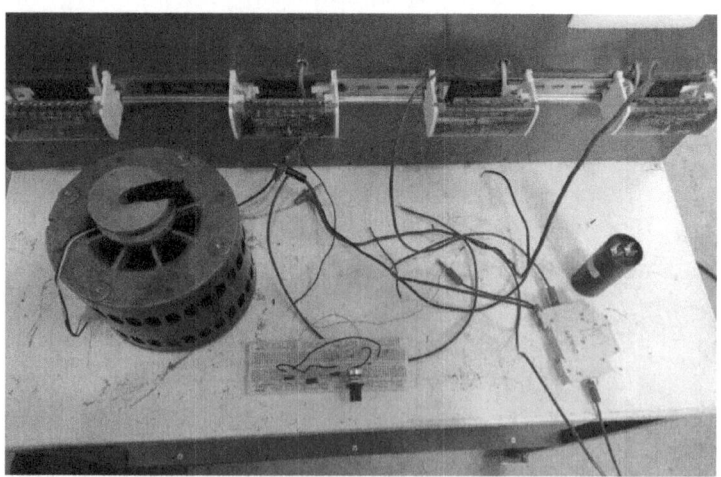

Figura 6.28 Elemento para control de velocidad.

Fuente: Sánchez, F (2024). Simulación de motor [autoría propia].

Para finalizar el control de velocidad, se emplearán componentes específicos, tales como un potenciómetro de 100 kΩ, un TRIAC BT316 de 20 A, un DIAC DB, dos resistencias de 10 kΩ, dos capacitores de poliéster de 220 µF y 250 V, además de cables tipo timbre. Se elabora un diagrama de conexión como el de la Figura 6.29 para garantizar la correcta configuración y funcionamiento del sistema.

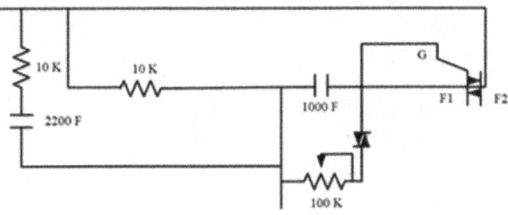

Figura 6.29 Control de velocidad, diagrama.

Fuente: Sánchez, F (2024). Simulación de motor [autoría propia].

Siguiendo el diagrama, se realiza la conexión en el protoboard, asegurando que todos los componentes requeridos estén correctamente conectados e interconectados para garantizar la integridad del circuito.

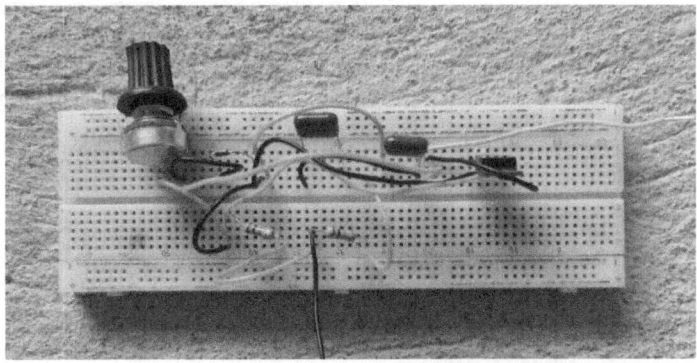

Figura 6.30 Control de velocidad.

Fuente: Sánchez, F (2024). Simulación de motor [autoría propia].

Se inicia la conexión de todos los componentes en serie; el control de velocidad se ubica en la fase del circuito. Se asegura también la correcta fijación de cada conexión para prevenir posibles fallos operativos.

Figura 6.31 Conexión con control de velocidad.

Fuente: Sánchez, F (2024). Simulación de motor [autoría propia].

Con el potenciómetro ajustado a su posición mínima, se observa la ausencia de flujo de corriente, corroborado mediante la medición con la pinza amperimétrica, que indica un valor de 0.00 A.

Figura 6.32 Funcionamiento del motor.

Fuente: Sánchez, F (2024). Simulación de motor [autoría propia].

Al incrementar la resistencia del potenciómetro, se registra un aumento en la corriente generada, la cual se eleva progresivamente hasta alcanzar un valor máximo de 13.18 A, lo que evidencia la variación en la generación de energía (Figura 6.33).

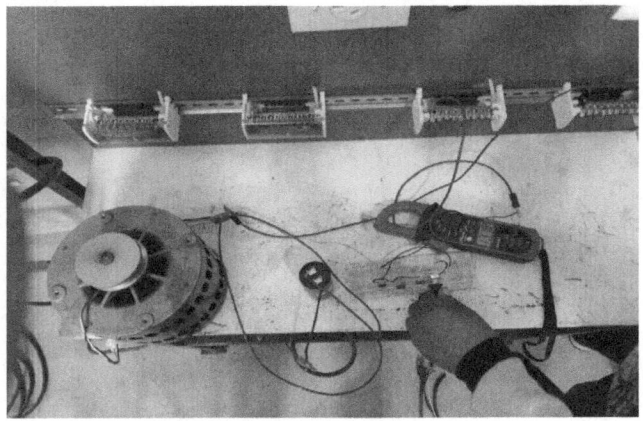

Figura 6.33 Control de velocidad del motor.

Fuente: Sánchez, F (2024). Simulación de motor [autoría propia].

Se finaliza el procedimiento de control de velocidad con éxito. Como medida de seguridad, se desconecta el circuito mediante la apertura del disyuntor, para garantizar que el sistema quede en condiciones seguras antes de concluir la práctica.

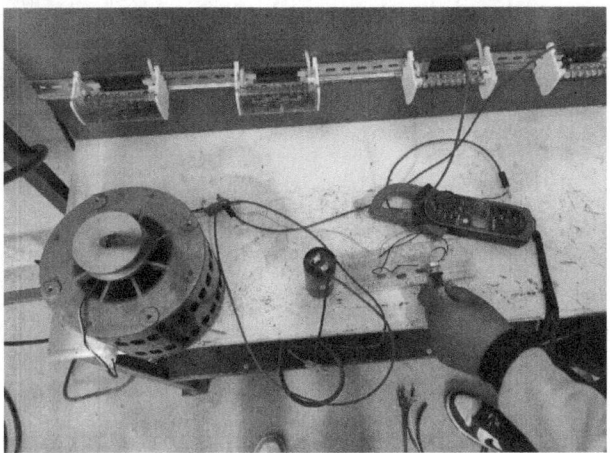

Figura 6.34 Finalización de la práctica.

Fuente: Sánchez, F (2024). Simulación de motor [autoría propia].

- **Verificar el funcionamiento del capacitor**

  Para determinar el estado operativo de un capacitor, se sigue un procedimiento de verificación detallado.

  En primer lugar, se inspeccionan las cuatro terminales del capacitor como en la Figura 6.35, para evaluar su integridad física y la correcta conexión de cada una.

Figura 6.35 Capacitor.

Fuente: Sánchez, F (2024). Simulación de motor [autoría propia].

Se utiliza un destornillador para realizar un cortocircuito momentáneo entre las terminales del capacitor, con el fin de observar la presencia de una descarga eléctrica. En la Figura 6.36 se visualiza de mejor manera.

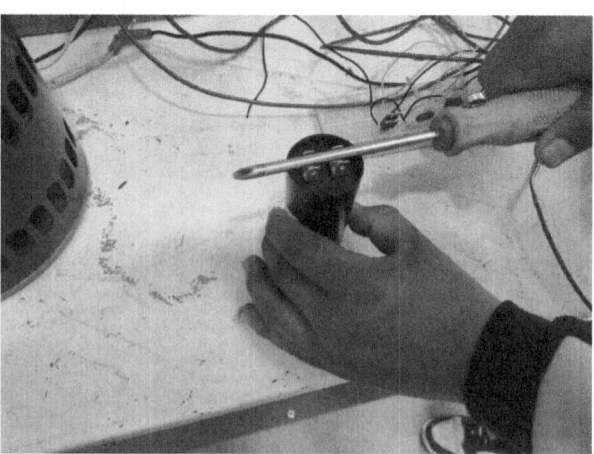

Figura 6.36 Funcionamiento del capacitor.

Fuente: Sánchez, F (2024). Simulación de motor [autoría propia].

Si al conectar el capacitor a un motor monofásico no se produce ninguna chispa, esto indica que el capacitor está defectuoso. En cambio, la presencia de una chispa confirma que el capacitor se encuentra en condiciones operativas adecuadas.

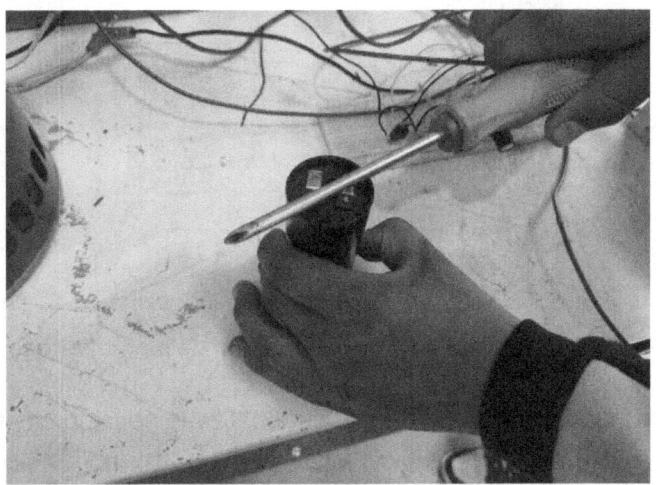

Figura 6.37 Descarga del capacitor.

Fuente: Sánchez, F (2024). Simulación de motor [autoría propia].

Las chispas generadas durante esta prueba indican que el capacitor ha sido descargado correctamente, lo cual es fundamental tanto para su verificación precisa como para garantizar la seguridad durante su manipulación.

- **Modelado del motor monofásico**

Para iniciar el modelado de un motor monofásico, se abre el software Simcenter Motorsolve y se crea un nuevo proyecto. Se selecciona la opción correspondiente a «Motor de inducción monofásico» y se asegura la configuración adecuada de los parámetros iniciales que definirán el comportamiento del motor durante la simulación (Figura 6.38).

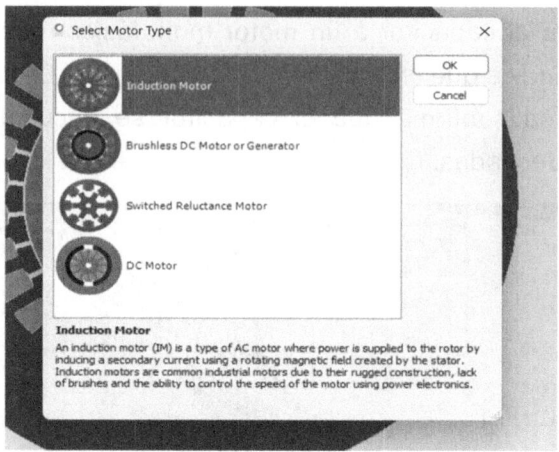

Figura 6.38 Motor de inducción.

Fuente: Sánchez, F (2024). Simulación de motor [autoría propia].

En el panel izquierdo del software, se localiza la sección de «Configuraciones generales», donde se ingresan los parámetros básicos del motor, fundamentales para establecer el punto de partida del modelado.

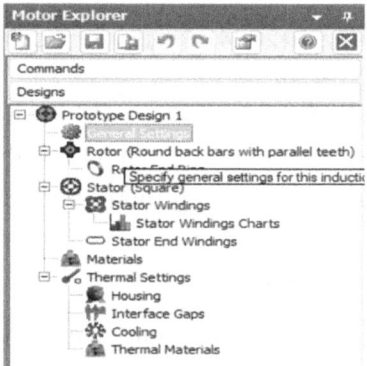

Figura 6.39 Configuración general del motor monofásico.

Fuente: Sánchez, F (2024). Simulación de motor [autoría propia].

En la sección de «Configuraciones generales», se introducen las especificaciones precisas indicadas en la placa del motor a modelar. Estas incluyen un voltaje nominal de 120 V, una velocidad síncrona de 1625 RPM, 48 barras en el rotor y 32 ranuras en el estator. Estos parámetros son esenciales para garantizar que el modelo simule con precisión el comportamiento del motor real.

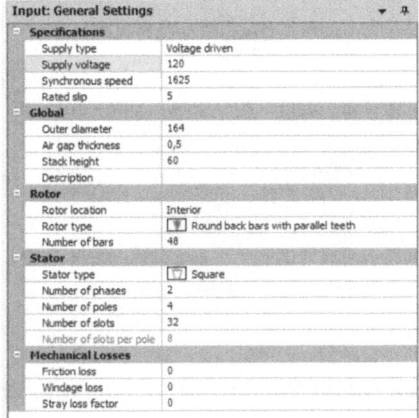

Figura 6.40 Configuración básica del motor monofásico.

Fuente: Sánchez, F (2024). Simulación de motor [autoría propia].

A continuación, en el menú del panel izquierdo, se selecciona la opción «Rotor» para configurar sus características físicas y geométricas. Esta sección es fundamental, dado que la forma y las dimensiones del rotor impactan directamente en la eficiencia y el rendimiento del motor.

Figura 6.41 Configurar el rotor monofásico.

Fuente: Sánchez, F (2024). Simulación de motor [autoría propia].

Para garantizar precisión en la configuración del rotor, se utiliza un pie de rey para medir el diámetro interno del rotor. Esta medición es crítica, pues determina el espacio disponible para el flujo de aire y asegura un ajuste adecuado del rotor dentro del estator.

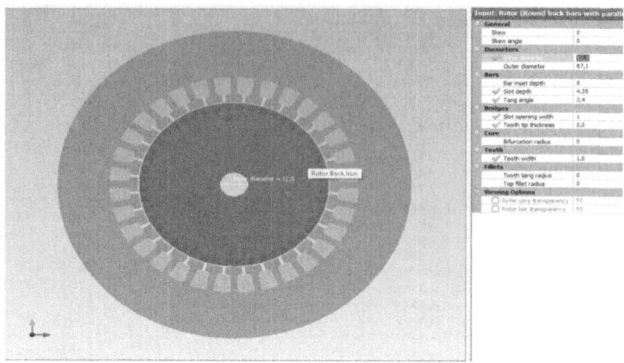

Figura 6.42 Diámetro interno del rotor monofásico.

Fuente: Sánchez, F (2024). Simulación de motor [autoría propia].

Posteriormente, se ingresa la medida del diámetro externo del rotor en el software tal y como se muestra en la Figura 6.43. Esta dimensión es determinante para el ajuste adecuado del rotor dentro del estator y afecta a la interacción electromagnética entre ambos, lo que impacta directamente en la eficiencia y el torque del motor.

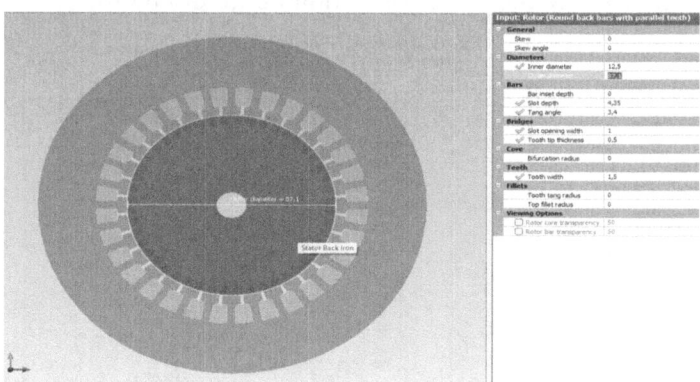

Figura 6.43 Diámetro externo del rotor monofásico.

Fuente: Sánchez, F (2024). Simulación de motor [autoría propia].

Se configura la profundidad de las ranuras del rotor, que alojan los conductores responsables de generar el campo magnético. Una profundidad adecuada garantiza la generación de una fuerza electromotriz suficiente para el funcionamiento óptimo del motor.

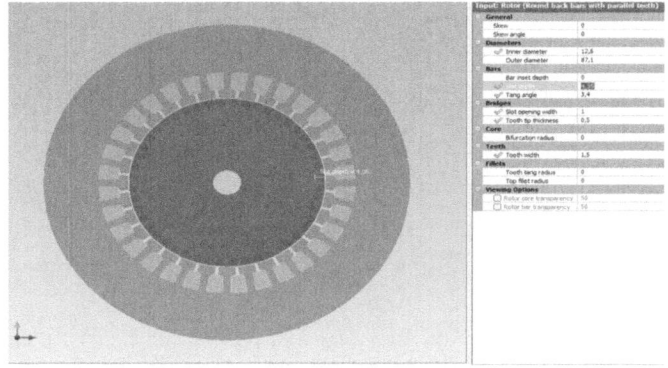

Figura 6.44 Profundidad de las ranuras del rotor monofásico.

Fuente: Sánchez, F (2024). Simulación de motor [autoría propia].

A continuación, se configura el ancho de los dientes del rotor, que corresponden a las estructuras que separan las ranuras. Este parámetro es clave para mantener un equilibrio óptimo entre el flujo magnético y la densidad de corriente en el rotor, lo que contribuye a la optimización del rendimiento del motor.

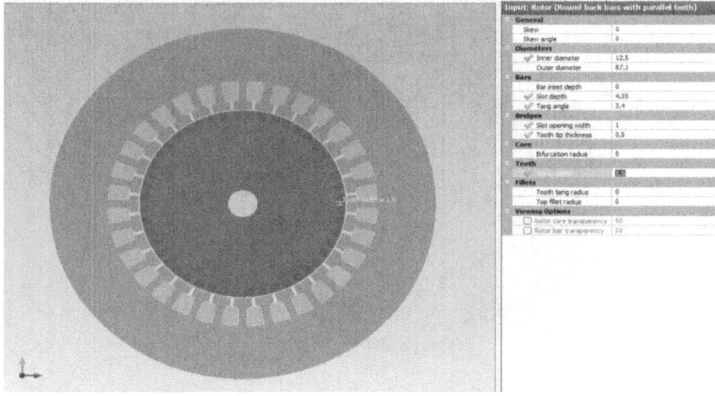

Figura 6.45 Ancho de los dientes del rotor monofásico.

Fuente: Sánchez, F (2024). Simulación de motor [autoría propia].

Tras configurar el rotor, se accede al menú izquierdo y se selecciona la opción «Estator». Esta sección permite configurar la parte fija del motor, que contiene las bobinas y desempeña un papel fundamental en la generación del campo magnético.

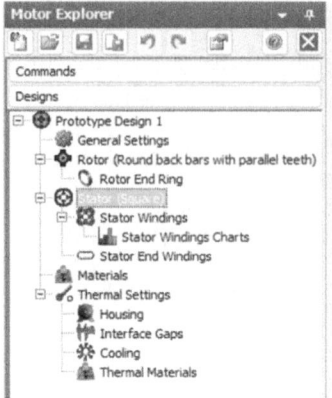

Figura 6.46 Configuración del estator monofásico.

Fuente: Sánchez, F (2024). Simulación de motor [autoría propia].

Se inicia la configuración del estator midiendo y estableciendo el diámetro interno en el software. Esta dimensión es fundamental para definir el espacio de giro del rotor, que influye directamente en la eficiencia y la capacidad del motor para disipar calor.

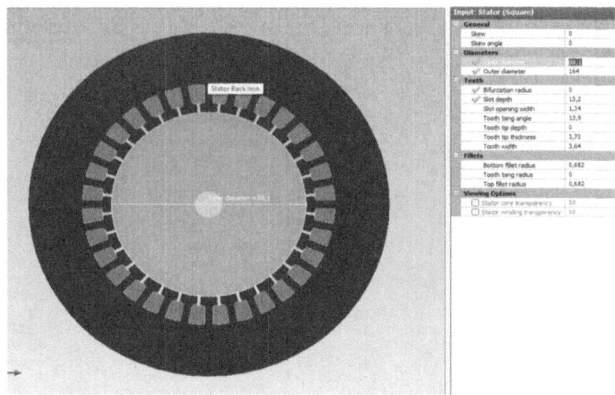

Figura 6.47 Diámetro interno del estator monofásico.

Fuente: Sánchez, F (2024). Simulación de motor [autoría propia].

Posteriormente, se ingresa la medida del diámetro externo del estator. Este parámetro determina el tamaño total del motor y su capacidad para disipar el calor generado durante la operación, y es vital para prevenir sobrecalentamientos.

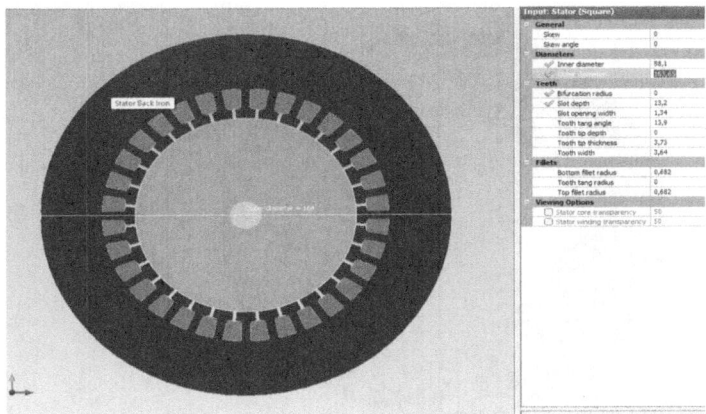

Figura 6.48 Diámetro externo del estator monofásico.

Fuente: Sánchez, F (2024). Simulación de motor [autoría propia].

Se configura la profundidad de las ranuras del estator, que alojarán las bobinas. Estas ranuras deben contar con la profundidad adecuada para contener el número requerido de vueltas de alambre, asegurando así la generación de un campo magnético fuerte y estable.

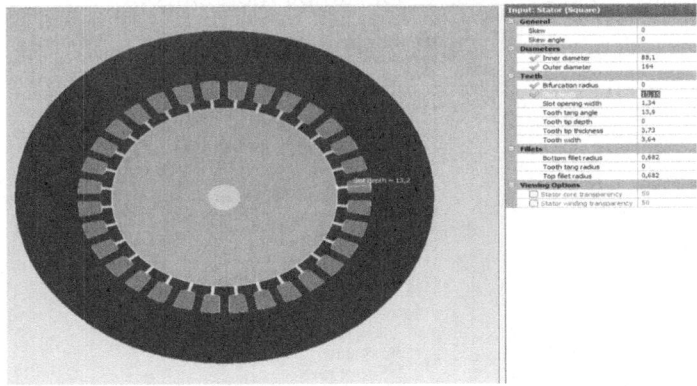

Figura 6.49 Profundidad de las ranuras del estator monofásico.

Fuente: Sánchez, F (2024). Simulación de motor [autoría propia].

A continuación, se configura el ancho entre los dientes del estator, que corresponden a las estructuras que separan las ranuras. Un ajuste adecuado es esencial para maximizar el flujo magnético a través del estator y optimizar la eficiencia del motor.

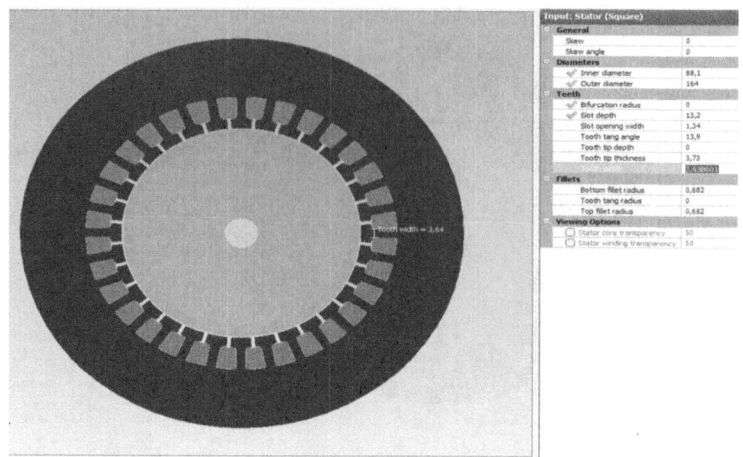

Figura 6.50 Ancho de dientes del estator monofásico.

Fuente: Sánchez, F (2024). Simulación de motor [autoría propia].

Tras configurar el estator, se accede al menú izquierdo y se selecciona la opción «Bobinas del estator». Esta sección permite ajustar las características correspondientes a las bobinas del motor, las cuales desempeñan un papel fundamental en la generación del campo magnético.

Figura 6.51 Bobinado del estator monofásico.

Fuente: Sánchez, F (2024). Simulación de motor [autoría propia].

En la sección de «Bobinas del estator», se inicia la configuración del bobinado. Se especifica el método de bobinado y se selecciona el calibre del alambre (AWG 18), así como el número de vueltas (34). Estas configuraciones son fundamentales para determinar la resistencia y la reactancia del motor.

Figura 6.52 Configuración del bobinado del estator monofásico.

Fuente: Sánchez, F (2024). Simulación de motor [autoría propia].

Tras configurar el bobinado, se visualiza en el software el modelo ensamblado del motor (Figura 6.53). Esta representación permite verificar que todas las configuraciones se hayan aplicado correctamente y que el bobinado cumpla con los requisitos de diseño establecidos.

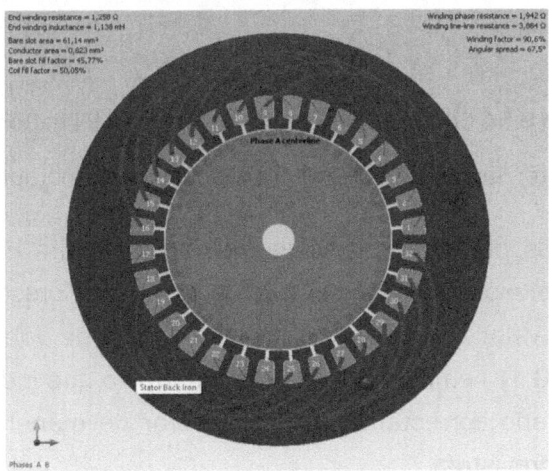

Figura 6.53 Bobinado del estator monofásico.

Fuente: Sánchez, F (2024). Simulación de motor [autoría propia].

Finalmente, se accede a la sección de «Resultados» en el menú del panel izquierdo y se selecciona la opción «Amperaje» para analizar el comportamiento eléctrico del motor bajo condiciones de carga. Esta herramienta permite confirmar si el diseño cumple con los requisitos de eficiencia y rendimiento establecidos.

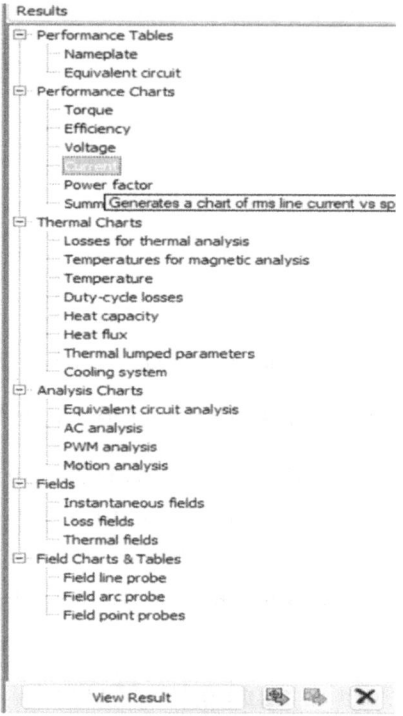

Figura 6.54 Configuración de los resultados del motor monofásico.

Fuente: Sánchez, F (2024). Simulación de motor [autoría propia].

Los resultados obtenidos se visualizan en la Figura 6.55, en los que se observa que el motor, en condiciones de operación, presenta un consumo de 9.26 A. Este valor es coherente con el número de vueltas y el calibre del alambre (AWG 18) empleados en el bobinado, lo que indica que el motor ha sido configurado correctamente para operar de manera eficiente bajo las condiciones previstas.

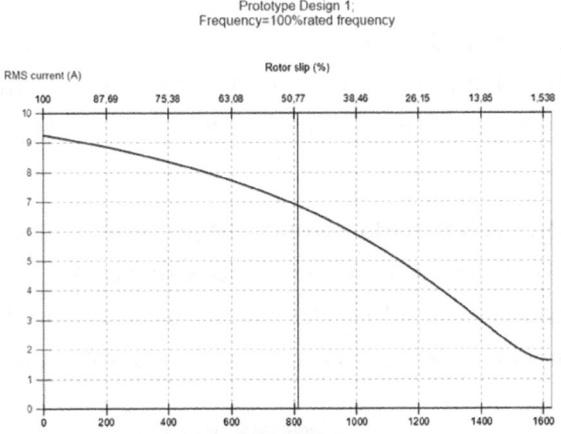

Figura 6.55 Resultados del motor monofásico.

Fuente: Sánchez, F (2024). Simulación de motor [autoría propia].

La curva de corriente obtenida indica una relación inversa entre la velocidad de rotación (RPM) y el consumo de corriente: a medida que las RPM aumentan, la corriente disminuye, mientras que, al reducirse las RPM, la corriente se incrementa. En este caso particular, cuando el motor opera a 1040 RPM, la corriente registrada es de 5.65 A.

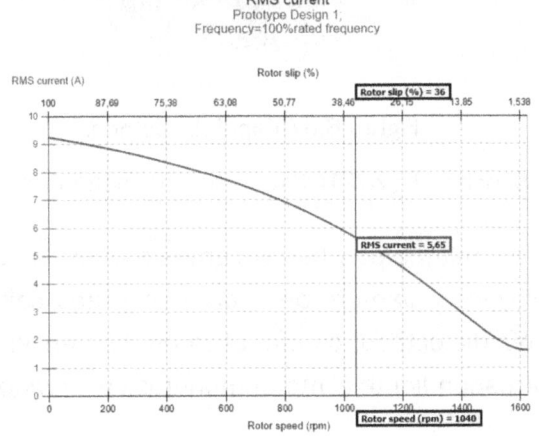

Figura 6.56 Curva de corriente del motor monofásico.

Fuente: Sánchez, F (2024). Simulación de motor [autoría propia].

- **Rebobinado**

  El primer paso consiste en eliminar el bobinado dañado o desgastado. Este procedimiento debe realizarse con extrema precaución para evitar comprometer la integridad del núcleo magnético o de la estructura de soporte del estator.

  Una vez retirado el bobinado anterior, se procede a instalar papel dieléctrico en cada ranura del estator de una manera similar a la mostrada en la Figura 6.57. Este material aislante es fundamental para garantizar un aislamiento eléctrico adecuado y prevenir cortocircuitos durante la operación del motor.

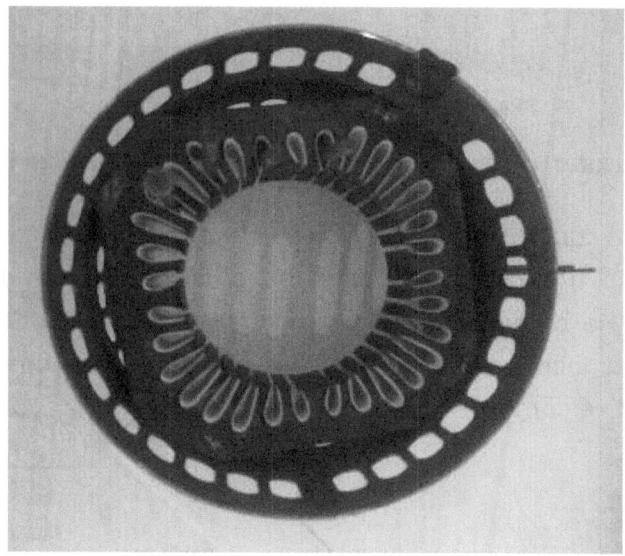

Figura 6.57 Papel dieléctrico.

Fuente: Sánchez, F (2024). Simulación de motor [autoría propia].

Se seleccionan los materiales y herramientas requeridos para el proceso de rebobinado, incluyendo alambre de cobre esmaltado calibre 18 (AWG 18), multímetro, barniz dieléctrico, cautín, alicates, hilo encerado y el diagrama esquemático correspondiente al motor monofásico a rebobinar (Figura 6.58).

Figura 6.58 Elementos de rebobinado.

Fuente: Sánchez, F (2024). Simulación de motor [autoría propia].

Siguiendo el diagrama del motor, se procede a la conformación de las bobinas, asegurando que el número de vueltas y la dirección del devanado correspondan al diseño especificado. Es fundamental determinar correctamente las ranuras del estator en las que se insertarán las bobinas, conforme a la disposición establecida en el esquema del motor.

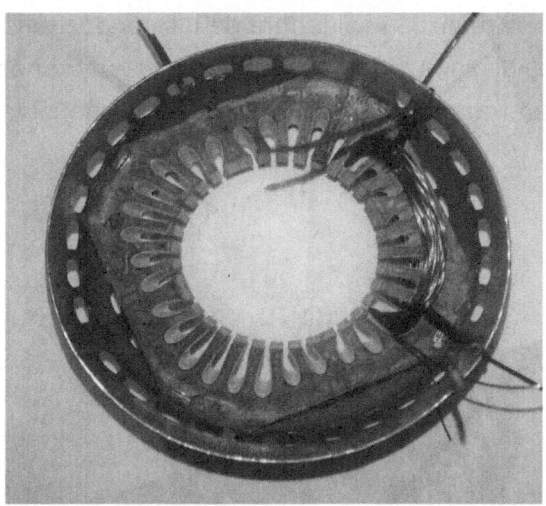

Figura 6.59 Rebobinado.

Fuente: Sánchez, F (2024). Simulación de motor [autoría propia].

Se inicia el proceso de bobinado con la primera fase y, posteriormente, se continúa con la segunda, conforme al modelo del motor. Es fundamental garantizar que cada bobina sea correctamente posicionada y alineada dentro de su respectiva ranura, a fin de asegurar un rendimiento electromagnético óptimo y evitar fallas por desplazamientos o contactos indeseados.

Figura 6.60 Primera fase rebobinada.

Fuente: Sánchez, F (2024). Simulación de motor [autoría propia].

Se emplea hilo encerado para fijar las bobinas en su posición dentro del estator como en la Figura 6.61, lo que evitará desplazamientos o posibles contactos con la carcasa del motor que puedan generar cortocircuitos. A continuación, se realiza la soldadura de los conductores correspondientes a las conexiones de línea, neutro y punto común, utilizando un cautín de punta fina para garantizar uniones eléctricas firmes y confiables.

Figura 6.61 Colocación del hilo de cera.

Fuente: Sánchez, F (2024). Simulación de motor [autoría propia].

Una vez terminado el bobinado, se aplica barniz dieléctrico sobre todas las bobinas. Este recubrimiento ayuda a aislar y proteger el alambre, lo que evita contactos indeseados.

Figura 6.62 Barnizado del rebobinado.

Fuente: Sánchez, F (2024). Simulación de motor [autoría propia].

Se procede con el ensamblaje del motor monofásico, previamente rebobinado, para verificar su correcto funcionamiento mediante una fuente de alimentación de 120 V.

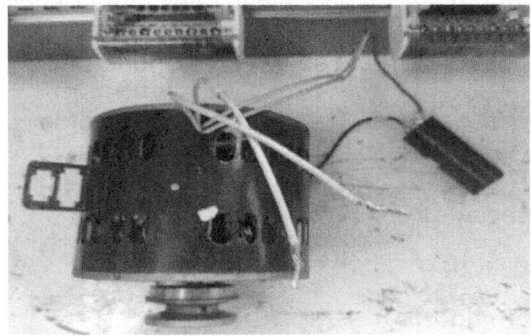

Figura 6.63 Ensamblaje del motor monofásico.

Fuente: Sánchez, F (2024). Simulación de motor [autoría propia].

Finalmente, se conecta el motor a una fuente de alimentación para comprobar su funcionamiento. Se mide el consumo eléctrico, que debe aproximarse a los 8.88 A con un voltaje de 120 V, confirmando así la correcta ejecución del rebobinado. La disposición de esta conexión se muestra de mejor manera en la Figura 6.64.

Figura 6.64 Funcionamiento del motor monofásico.

Fuente: Sánchez, F (2024). Simulación de motor [autoría propia].

6.11 Actividades de aprendizaje y evaluación

Indique si las siguientes afirmaciones son verdaderas o falsas:

1. Un motor monofásico de fase partida utiliza un condensador para crear un desfasaje de fase. ( )

2. Los motores monofásicos de fase partida son adecuados para aplicaciones que requieren un arranque suave. ( )

3. Los motores monofásicos de fase partida son menos eficientes que los motores trifásicos en aplicaciones industriales. ( )

Seleccione la respuesta correcta según corresponda:

4. ¿Qué componente es esencial en un motor monofásico de fase partida para el arranque?

   a) Resistencia

   b) Condensador

   c) Transformador

   d) Relé

5. ¿Cómo se denomina el motor monofásico de fase partida cuando se utiliza un condensador permanente?

   a) Motor de fase dividida

   b) Motor de condensador de arranque

   c) Motor de condensador permanente

   d) Motor de fase única

6. ¿Qué efecto tiene el condensador en el motor monofásico de fase partida?

   a) Aumenta la eficiencia

   b) Reduce el par de arranque

   c) Crea un campo magnético giratorio

   d) Mejora el coste de operación

7. ¿Para qué tipo de aplicaciones son más adecuados los motores monofásicos de fase partida?

   a) Aplicaciones de alta potencia

   b) Aplicaciones residenciales

   c) Aplicaciones industriales

   a) Aplicaciones de carga variable

6.12 Conclusiones

El motor monofásico de fase partida se posiciona como una solución eficiente y accesible para aplicaciones de baja potencia. Destaca por su capacidad de arranque mediante el uso de condensadores y bobinas auxiliares que generan un campo magnético rotatorio. Su diseño sencillo y bajo coste lo hacen ideal para electrodomésticos, herramientas eléctricas y sistemas de bombeo, donde la simplicidad y fiabilidad son prioritarias.

Aunque este motor supera las limitaciones de arranque inherentes a los sistemas monofásicos, su eficiencia y control de velocidad son inferiores en comparación con motores trifásicos, lo que restringe su uso en aplicaciones de alta potencia o que requieren ajustes precisos de velocidad. No obstante, técnicas como la inversión de giro y el control mediante TRIAC demuestran su adaptabilidad en entornos domésticos e industriales básicos.

Las prácticas de rebobinado y modelado con software especializado refuerzan la importancia del mantenimiento preventivo y el diseño adecuado para prolongar su vida útil. En conjunto, el motor monofásico de fase partida sigue siendo una opción viable para aplicaciones específicas, pues equilibra coste, funcionalidad y facilidad de implementación, mientras sienta las bases para explorar tecnologías más avanzadas en el futuro.

CAPÍTULO 7

CONTROL AVANZADO DE MOTORES DE INDUCCIÓN TRIFÁSICOS

7.1 Introducción

Los motores de inducción trifásicos, especialmente los de rotor de jaula de ardilla, son ampliamente utilizados en la industria debido a su robustez, bajo mantenimiento y alta eficiencia. Sin embargo, en aplicaciones que requieren un control preciso de velocidad, par y eficiencia energética, las técnicas de control tradicionales (como el control escalar V/f) resultan insuficientes. Para superar estas limitaciones, se han desarrollado estrategias de control avanzado que permiten una regulación más dinámica y eficiente del motor (García, 2023).

7.2 Alcance

Las técnicas de control avanzado para motores de inducción han ampliado significativamente las posibilidades de regulación y eficiencia en sistemas eléctricos. El control predictivo por modelo (MPC) es ideal para aplicaciones industriales complejas donde se requiere anticipación, manejo de restricciones y optimización en tiempo real, como en convertidores e inversores. Por otro lado, el control orientado al campo (FOC) ofrece un control preciso y desacoplado del par y el flujo, lo que lo convierte en una excelente opción para aplicaciones de alta precisión, como vehículos eléctricos y robótica. En sistemas que demandan una respuesta muy rápida y robusta ante cambios de carga, el control directo de par (DTC) permite una regulación eficiente del par sin necesidad de moduladores intermedios. La modulación por vector espacial (SVM) destaca por maximizar el aprovechamiento del bus de voltaje DC y minimizar las pérdidas por conmutación, por lo que es ampliamente utilizada en accionamientos industriales e inversores para energías renovables. Finalmente, el control basado en técnicas de *machine learning* aporta una capacidad adaptativa y predictiva sin precedentes, permitiendo al sistema aprender de los datos y ajustar sus parámetros de forma autónoma, lo que es clave en entornos de Industria 5.0. Aunque cada técnica presenta ventajas particulares según la aplicación, su implementación requiere de infraestructura adecuada, modelado preciso y, en algunos casos, una elevada capacidad de cómputo.

7.3 Técnicas de control avanzado

Entre las principales técnicas de control avanzado para máquinas de inducción (Figura 7.1) destacan el control predictivo, que optimiza el comportamiento del sistema mediante modelos predictivos; el control por orientación de campo (FOC), que mejora el desempeño de motores mediante el desacoplamiento de corrientes; la modulación por vector espacial (SVM), que maximiza el uso del bus de DC; el control directo de par (DTC), que elimina moduladores intermedios para una respuesta rápida; y el control mediante *machine learning*, que introduce adaptabilidad mediante algoritmos de aprendizaje automático (Bose, 2002).

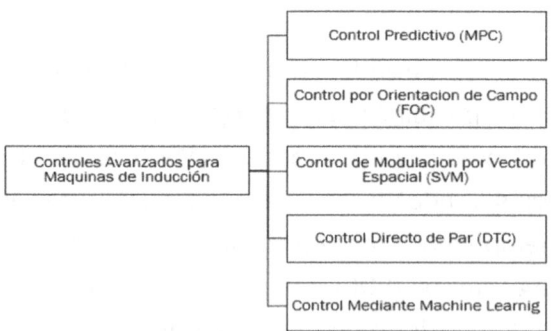

Figura 7.1 Principales técnicas de control avanzado para máquinas de inducción.

Fuente: Sánchez, F (2024). Simulación de motor [autoría propia].

7.3.1 Control predictivo (MPC)

El control predictivo es una estrategia que emplea un modelo del sistema para anticipar su comportamiento futuro. La clasificación de los tipos de control predictivo se observa en la Figura 7.2. La base del método consiste en evaluar diferentes posibles acciones de control y seleccionar aquella que optimice un criterio predefinido, generalmente minimizando una función de coste. Gracias a esta capacidad de predicción, el control puede ajustarse de manera proactiva y eficiente, para lograr una mejor respuesta dinámica, mayor precisión y menor tiempo de respuesta. Además, el control predictivo permite incorporar restricciones del sistema, como límites en voltajes o corrientes, lo que facilita la gestión de sistemas complejos, como convertidores y máquinas eléctricas, en comparación con las técnicas tradicionales **Cortes et al., (2008).**

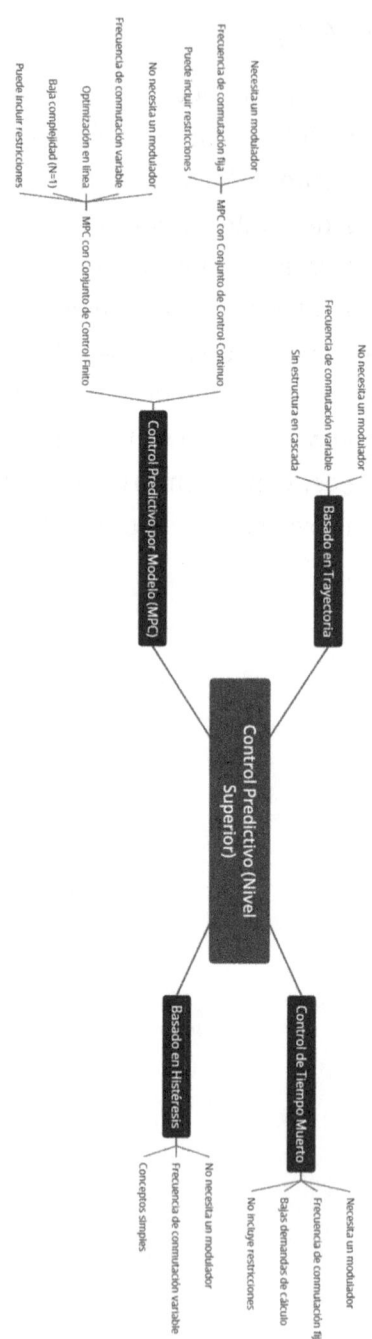

Figura 7.2 Clasificación de los métodos de control predictivo utilizados en electrónica de potencia.

Fuente: Cortes et al., (2008).

7.3.1.1 Principios básicos del control predictivo

Los principios básicos del control predictivo por modelo (MPC) se fundamentan en la utilización de un modelo del sistema para predecir su comportamiento futuro y optimizar la acción de control en consecuencia. Es decir, en cada instante de muestreo, el MPC realiza los siguientes pasos:

1. Predicción del futuro del sistema: Utiliza un modelo matemático para estimar cómo evolucionarán las variables controladas en el futuro, considerando las acciones de control posibles. Estas predicciones se realizan para un horizonte de tiempo predefinido, conocido como horizonte de predicción.

2. Optimización de la función de coste: Con base en esas predicciones, el controlador minimiza una función de coste (o función objetivo), que generalmente mide la diferencia entre las variables predichas y sus valores deseados, además de considerar restricciones del sistema (como límites de voltaje o corriente).

3. Selección de la acción de control: La primera acción de control, derivada de la solución óptima del problema de optimización, se aplica al sistema. Luego, en el siguiente instante de muestreo, se repite todo el proceso utilizando los nuevos datos medidos.

El modelo utilizado para la predicción es un modelo en tiempo discreto que puede ser expresado en forma de espacio de estados, de la siguiente manera:

$$x(k + 1) = Ax(k) + Bu(k)$$

$$y(k) = Cx(k) + Du(k)$$

donde:

- x(k): vector de estado en el instante k (por ejemplo, posición, velocidad, corriente, etc.).

- u(k): vector de entrada o actuación en el instante k (las señales que aplicas al sistema).

- A: matriz que modela la dinámica interna del sistema (cómo cambia el estado sin entrada).

- B: matriz que modela cómo la entrada u(k) afecta al estado.

- y(k): vector de salida en el instante k (lo que se mide o se quiere controlar).

- C: matriz que transforma el estado en la salida.

- D: matriz que relaciona la entrada con la salida directamente (a veces es cero si no hay efecto inmediato).

Una función de coste que represente el comportamiento deseado del sistema debe ser definida.

Esta función considera las referencias, los estados futuros y las actuaciones futuras.

$$J = f(x(k), u(k), \ldots, u(k + N))$$

donde:

- J: coste total (cuánto «cuesta» una secuencia de decisiones).

- N: horizonte de predicción (hasta cuántos pasos hacia adelante se planea).

- La función f(·) depende de los estados futuros y actuaciones futuras.

MPC es un problema de optimización que consiste en minimizar la función de coste J, durante un horizonte de tiempo predefinido N, sujeto al modelo del sistema y a las restricciones del mismo. El resultado es una secuencia de N actuaciones óptimas. El controlador aplicará solo el primer elemento de la secuencia.

$$u(k) = [1 \ 0 \ \ldots \ 0] \ arg \ min_u J$$

El principio de funcionamiento del MPC se resume en la Figura 7.3. Los valores futuros de los estados del sistema se predicen hasta un horizonte de tiempo predefinido $k + N$ utilizando el modelo del sistema y la información disponible (mediciones) hasta el instante k. La secuencia de actuaciones óptimas se calcula minimizando la función de coste, y se aplica únicamente el primer elemento de dicha secuencia. Todo este proceso se repite en cada instante de muestreo considerando los nuevos datos medidos (Camacho & Bordons, 2007).

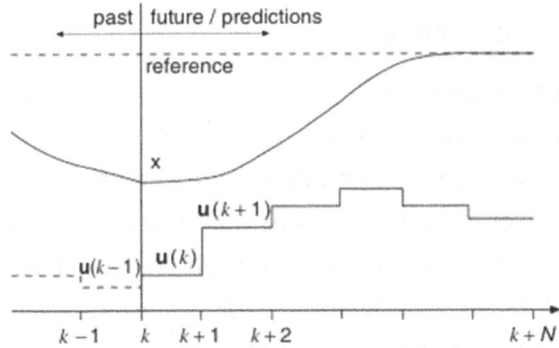

Figura 7.3 Principio de trabajo de MPC.

Fuente: (Camacho & Bordons, 2007).

7.3.1.2 Control predictivo para electrónica de potencia

El control predictivo por modelo (MPC) aplicado a la electrónica de potencia y los accionamientos eléctricos se fundamenta en la capacidad de modelar y pronosticar el comportamiento del sistema en un horizonte de tiempo breve, correspondiente a las altas velocidades de conmutación requeridas en estos sistemas. A diferencia de los métodos de control convencionales, el MPC permite la incorporación explícita de restricciones físicas y operativas, así como la optimización simultánea de múltiples variables de interés, lo que resulta en mejoras significativas en el rendimiento del sistema.

Una de las principales ventajas del MPC en este contexto es su eficiencia en la implementación, gracias al empleo de estrategias como el control predictivo explícito, que realiza la resolución de la optimización de manera previa, almacenando los resultados en tablas de control que pueden ser consultadas en tiempo real. Esto facilita su aplicación en microcontroladores o procesadores digitales de señal (DSP), lo que permite cumplir con los estrictos tiempos de respuesta necesarios.

Otra característica destacada del MPC es su capacidad de gestionar sistemas multivariable y no lineales, permitiendo la integración de múltiples objetivos en una única función de coste. De esta forma, no solo se busca seguir perfectamente las referencias de corriente, voltaje o par, sino también optimizar parámetros como las pérdidas de conmutación, reducir el *ripple* de torque y controlar la potencia reactiva, entre otros aspectos, todos ellos incluidos en la misma planificación de control.

El control predictivo también sobresale por su flexibilidad para manejar restricciones naturales del sistema, como límites en corrientes, tensiones o temperaturas, lo que garantiza una operación segura y eficiente sin necesidad de estructuras de control en cascada complejas. Además, su versatilidad permite su aplicación en diferentes dispositivos, como convertidores DC-DC, inversores trifásicos o controladores de motores síncronos de imanes permanentes, lo que optimiza su funcionamiento en diversas configuraciones (Camacho & Bordons, 2007).

7.3.2 Control FOC (orientado por campo)

El control orientado al campo (Field Oriented Control, FOC) es una de las técnicas más importantes en el control de motores de corriente alterna (CA), y permite un control similar al de los motores de corriente continua (CC). El FOC se utiliza ampliamente en motores de inducción (IM) y motores sincrónicos de imanes permanentes (PMSM) debido a su capacidad para desacoplar el control del par y del flujo (Rodríguez y Cortés, 2012).

La idea principal detrás del control orientado al campo (FOC) es el uso de un sistema de coordenadas adecuado que permita un control desacoplado del par eléctrico T_e y de la magnitud del flujo del rotor $|\Psi_r|$. Esto se puede lograr alineando el sistema de coordenadas con el vector de flujo del rotor.

La Figura 7.4 muestra la relación entre el sistema de referencia estacionario $\alpha\beta$ y el sistema de referencia giratorio dq, que está alineado con el vector de flujo del rotor Ψ_r.

Como las variables están representadas en un sistema de coordenadas rotatorio, es posible controlar el par electromagnético a través de la componente imaginaria de la corriente del estator i_{sq}, mientras que la magnitud del flujo del rotor se regula mediante su componente real i_{sd}.

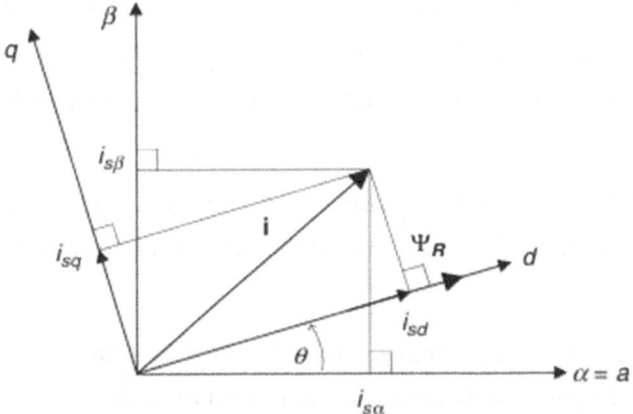

Figura 7.4 Relación entre el sistema de referencia estacionario $\alpha\beta$
y el sistema de referencia giratorio dq

Fuente: Rodríguez y Cortes (2012).

Estas relaciones se derivan del modelo de la máquina formulado en el sistema de coordenadas giratorio:

$$\Psi_{rd} = \frac{L_m}{\tau_r s + 1} i_{sd}$$

$$T_e = \frac{3}{2} \frac{L_m}{L_r} \rho \Psi_{rd} i_{sq}$$

donde:

- Ψ_{rd}: Componente directa del flujo del rotor en el eje d del sistema de coordenadas giratorio (alineado con el flujo del rotor).

- L_m: Inductancia de magnetización (mutua) entre el estator y el rotor.

- $\tau_r s$: Constante de tiempo del rotor.

- i_{sd}: Componente directa (eje d) de la corriente del estator en el sistema de coordenadas giratorio.

- T_e: Par electromagnético generado por la máquina.

- ρ: Número de pares de polos del motor.

- i_{sq} : Componente en cuadratura (eje q) de la corriente del estator en el sistema de coordenadas giratorio.

Un diagrama en bloques del control orientado al campo (FOC) se muestra en la Figura 7.5, donde la corriente de referencia i^*_{sq} se obtiene a partir de un lazo de control de velocidad externo, mientras que i^*_{sd} proviene del lazo de control del flujo del rotor.

Los errores entre las corrientes reales y de referencia del estator se corrigen mediante controladores PI, que generan las tensiones de referencia del estator v^*_{sd} y v^*_{sq}.

Posteriormente, estas tensiones se transforman al sistema de coordenadas estacionario y se aplican al inversor mediante un modulador por ancho de pulso (PWM).

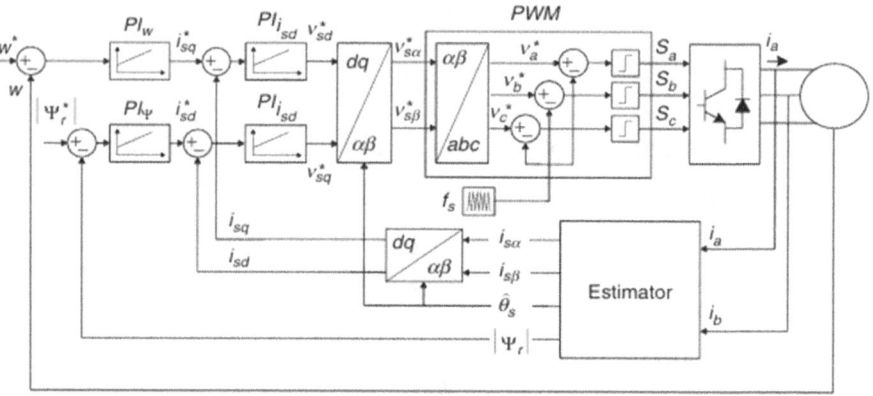

Figura 7.5 Diagrama de bloques funcional del FOC clásico.

Fuente: Bida & Samokhvalov (2018).

Los resultados para un arranque controlado desde velocidad cero hasta la velocidad nominal, así como una inversión de velocidad en el instante 1.5 s, se muestran en la Figura 7.6.

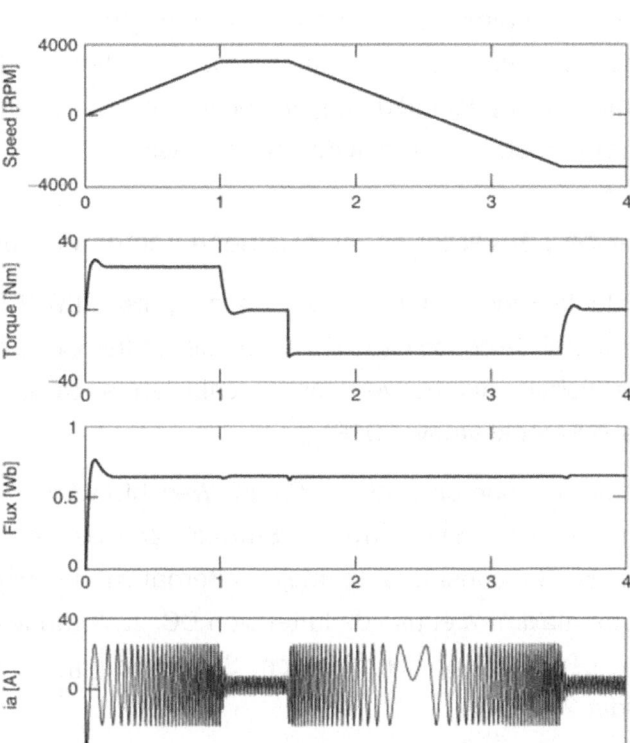

Figura 7.6 Resultados del FOC ante un escalón en la velocidad de referencia
y una inversión de velocidad.

Fuente: Bida & Samokhvalov (2018).

7.3.2.1 Ventajas del FOC

- Excelente respuesta dinámica.

- Control independiente de flujo y par.

- Apto para aplicaciones de alta eficiencia y alta precisión.

- Facilita la implementación de control predictivo.

El FOC ofrece un alto rendimiento en aplicaciones industriales donde se requiere precisión, como robótica, vehículos eléctricos y sistemas de generación renovable. Además, su capacidad de regulación suave y su eficiencia energética lo hacen ideal frente a otros métodos de control clásicos.

7.3.3 Modulación por vector espacial (Space Vector Modulation)

Una variación de la modulación por ancho de pulso (PWM) se denomina modulación por vector de espacio (SVM), en la que los tiempos de aplicación de los vectores de voltaje del convertidor se calculan a partir del vector de referencia **(Bida & Samokhvalov, 2018)**.

La técnica SVM se propone en 1982 por Pfaff, Weschta y Wick y se desarrolla en 1988 por Broeck, Skudelny y Stanke gracias a los sistemas microprocesadores. Se considera la mejor alternativa de modulación para inversores, ya que maximiza el uso de la tensión DC, su contenido armónico es bajo y minimiza pérdidas por conmutación. Sin embargo, su representación compleja (Posada, 2005).

Se basa en la representación vectorial de las tensiones trifásicas, la cual se define así:

$$V = \frac{2}{3}(v_{aN} + a v_{bN} + a^2 v_{cN})$$

donde:

- v_{aN}, v_{bN} y v_{cN} son las tensiones (V) fase a neutro N del inversor.
- $a = e^{j2(\pi)/3}$.

Las tensiones de salida del inversor dependen del estado de conmutación de cada fase y de la tensión en el enlace de corriente continua, $v_{xN} = S_x V_{dc}$, con x = {a, b, c}. Teniendo en cuenta las diferentes combinaciones de los estados de conmutación de cada fase, el inversor trifásico genera los vectores de tensión que se listan en la Tabla 7.2 y se muestran en la Figura 7.6 (Bida & Samokhvalov, 2018).

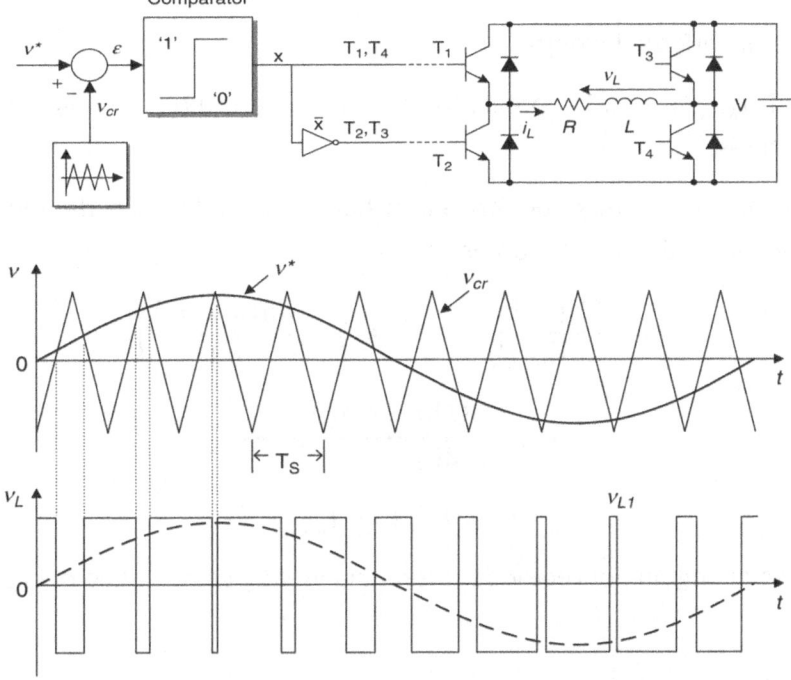

Figura 7.6 Modulador de ancho de pulso para un inversor monofásico.

Fuente: (Bida & Samokhvalov, 2018).

Considerando los vectores de tensión generados por el inversor, el plano $\alpha-\beta$ se divide en seis sectores, como se muestra en la Figura 2.6. De esta manera, el vector de referencia v∗, ubicado en un sector genérico k, puede ser sintetizado mediante los vectores adyacentes V_k, V_{k+1} y V_0, aplicados durante los tiempos t_k, t_{k+1} y t_0, respectivamente (Bida & Samokhvalov, 2018). Esto se puede resumir con las siguientes ecuaciones:

$$v* = \frac{1}{T}(V_k t_k + V_{k+1} t_{k+1} + V_0 t_0)$$

$$T = t_k + t_{k+1} + t_0$$

donde:

- T es el período del portador.

- t_k/T, t_{k+1}/T y t_0/T representan los ciclos de trabajo de sus respectivos vectores.

Utilizando relaciones trigonométricas, el tiempo de aplicación de cada vector puede ser calculado, resultando en:

$$t_k = \frac{3T|v*|}{2V_{dc}}\left(cos(\theta - \theta_k) - \frac{sin(\theta - \theta_k)}{\sqrt{3}}\right)$$

$$t_{k+1} = \frac{3T|v*|}{2V_{dc}}\frac{sin(\theta - \theta_k)}{\sqrt{3}}$$

$$t_0 = T - t_k - t_{k+1}$$

donde θ es el ángulo del vector de referencia v* y θ_k es el ángulo del vector V_k.

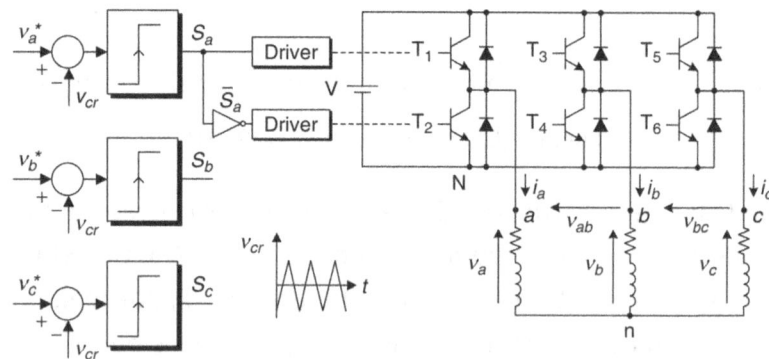

Figura 7.7 Esquema de control de modulador de ancho de pulso para un inversor trifásico.

Fuente: Bida & Samokhvalov (2018).

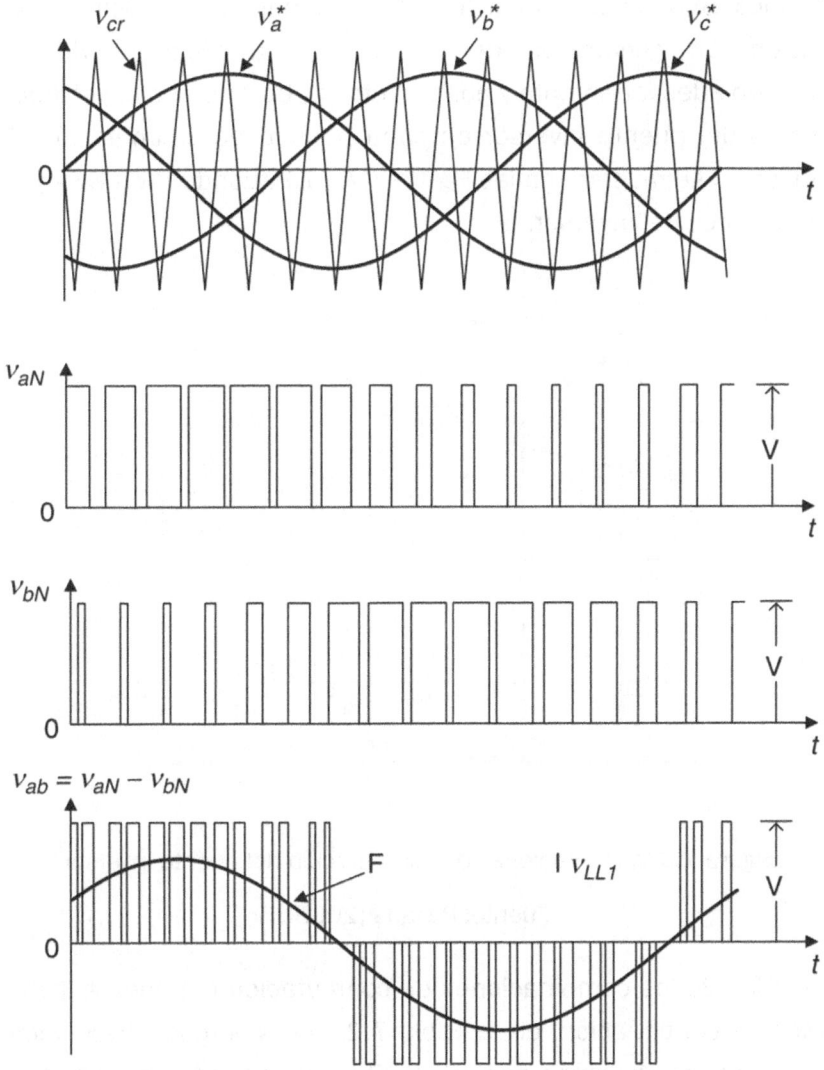

Figura 7.8 Modulador de ancho de pulso para un inversor trifásico.

Fuente: Rodríguez y Cortes (2012).

En la técnica SVM el puente inversor es manejado por ocho estados de conmutación. La generación de voltaje con la técnica SVM se logra seleccionando adecuadamente y por un tiempo determinado los estados de los interruptores del puente inversor en cada período de conmutación (Posada, 2005), tal como se muestra en las Figura 7.7 y 7.8, donde Sw1, Sw2 y Sw3 son los conmutadores del inversor.

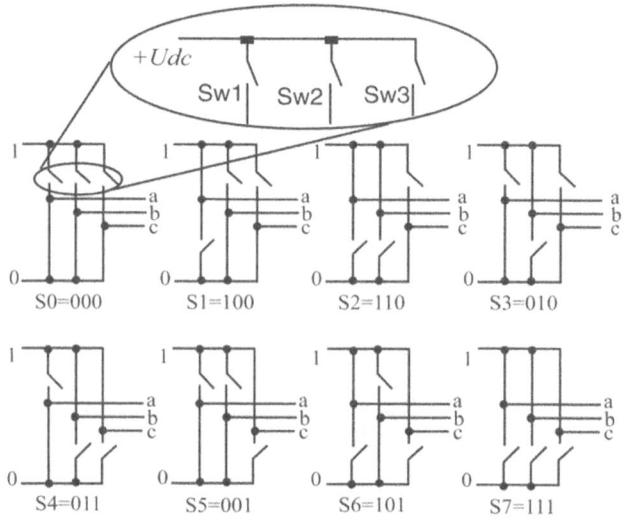

Figura 7.9 Combinaciones de conmutación del puente inversor.

Fuente: Posada (2005).

Los resultados de las combinaciones de conmutación del puente inversor son presentados a continuación, en la Tabla 7.2, con sus respectivos vectores de voltaje. Las representaciones de Sw1, Sw2 y Sw3 en la tabla mencionada son Sa, Sb y Sc respectivamente.

S_a	S_b	S_c	Vector de Voltaje V
0	0	0	$V_0 = 0$
1	0	0	$V_4 = \dfrac{2}{3}V_{dc}$
1	1	0	$V_5 = \dfrac{1}{3}V_{dc} + j\dfrac{\sqrt{3}}{3}V_{dc}$
0	1	0	$V_5 = -\dfrac{1}{3}V_{dc} + j\dfrac{\sqrt{3}}{3}V_{dc}$
0	1	1	$V_4 = -\dfrac{2}{3}V_{dc}$
0	0	1	$V_5 = -\dfrac{1}{3}V_{dc} - j\dfrac{\sqrt{3}}{3}V_{dc}$
1	0	1	$V_6 = \dfrac{1}{3}V_{dc} - j\dfrac{\sqrt{3}}{3}V_{dc}$
1	1	1	$V_7 = 0$

Tabla 7.2 Estados de conmutación y vectores de voltaje.

Fuente: Rodríguez y Cortes (2012) .

El hexágono de la Figura 7.10 (a) está formado por estos vectores en el plano complejo (αβ). Este representa la región máxima alcanzable usando un bus de DC a un voltaje *Vdc* determinado, representado como *Udc* en la Figura 7.9. El sentido de rotación del vector de voltaje determina la secuencia de fase en la salida del inversor. La descomposición del vector de referencia se muestra en la Figura 7.10 (b) (Posada, 2005).

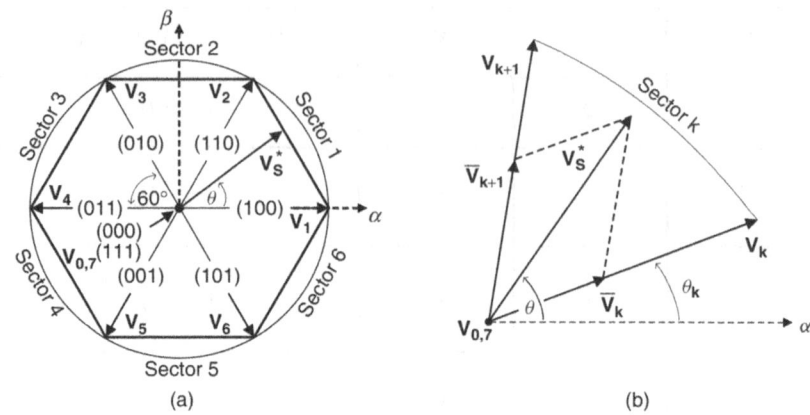

Figura 7.10 Principios de la modulación por vectores de espacio (SVM).
(a) Vectores de voltaje y definición de sectores. (b) Generación
del vector de referencia en un sector genérico.

Fuente: Rodríguez y Cortes (2012).

Un esquema clásico de control de corriente utilizando SVM se presenta en la Figura 7.11. En este, la diferencia entre la corriente de carga de referencia y la corriente medida se procesa mediante un controlador PI para generar los voltajes de carga de referencia (Rodriguez y Cortés, 2012).

Con este método, se logra una frecuencia de conmutación constante, fijada por el portador. El rendimiento de este esquema de control depende del diseño de los parámetros del controlador y de la frecuencia de la corriente de referencia. Aunque el controlador PI garantiza un error en estado estacionario nulo para referencias continuas, puede presentar un error notable para referencias sinusoidales. Este error aumenta con la frecuencia de la corriente de referencia y puede volverse inaceptable en ciertas aplicaciones. Para solucionar el problema del controlador PI con referencias sinusoidales, la solución estándar consiste en modificar el esquema original considerando una transformación de coordenadas a un marco de referencia giratorio en el que las corrientes de referencia sean valores constantes (Rodriguez y Cortés, 2012).

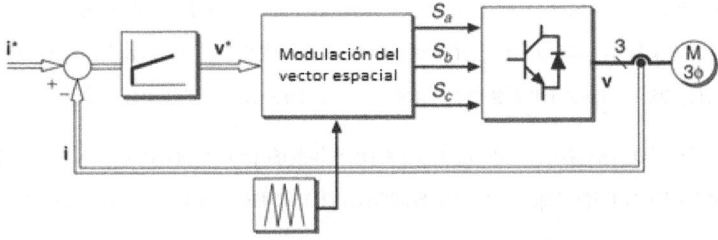

Figura 7.11 Esquema de control clásico utilizando SVM.

Fuente: Rodriguez y Cortes (2012).

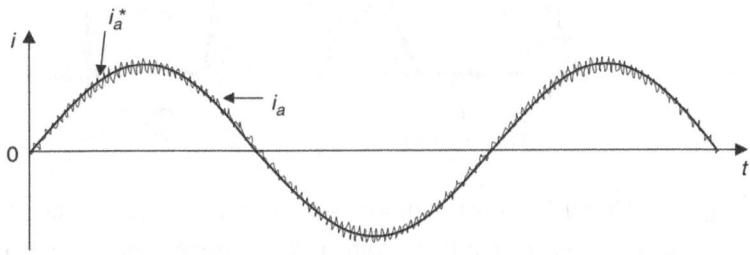

Figura 7.12 Corriente de carga para un esquema
de control clásico utilizando SVM.

Fuente: Rodríguez y Cortes (2012).

La Figura 7.12 muestra la forma de onda de la corriente de carga en una fase del inversor, generada mediante el esquema de control de la Figura 7.11.

7.3.3.1 Posibles problemas

- Las pérdidas de potencia en el inversor, que pueden ser por conducción o por conmutación. Las primeras son las mismas en todas las técnicas de modulación y son mucho menores que las pérdidas por conmutación. Las pérdidas por conmutación son directamente proporcionales a la frecuencia de conmutación de la modulación PWM (Posada, 2005).

  - Transiciones rápidas entre estados de conducción y no conducción minimizan las pérdidas por conducción en los dispositivos semiconductores, pero a su vez producen RFI cuando dichos cambios son menores a 10 μs (Posada, 2005).

- Transiciones lentas de conducción a no conducción y viceversa en las señales PWM minimizan la cantidad de RFI producido. Sin embargo, estas transiciones lentas incrementan las pérdidas por conmutación en los dispositivos del puente inversor (Posada, 2005).

Por lo tanto, para minimizar las pérdidas por conmutación son deseables transiciones rápidas entre estados de conducción a no conducción.

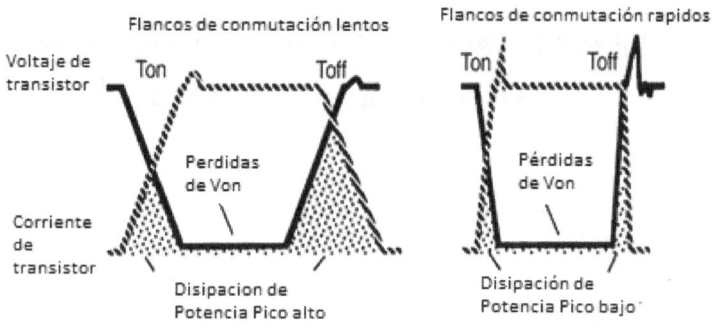

Figura 7.13 Pérdidas por conmutación en dispositivos semiconductores asociadas a la velocidad de cambio de los flancos de señales PWM.

Fuente: Posada (2005).

En la Figura 7.13 se muestra la relación entre los cambios de estados de conducción y no conducción y las pérdidas por conmutación de un dispositivo semiconductor de potencia típico.

• El tiempo muerto, necesario para evitar la destrucción de dispositivos en una misma rama del puente inversor, produce distorsión en la forma de onda de voltaje y corriente de salida cuando se manejan cargas inductivas y es generado por la desigualdad en la cantidad de corriente que fluye en los dispositivos semiconductores en sus estados ON y OFF. Dicha distorsión es corregida cuando se utilizan sensores de corriente en las fases de la carga para implementar lazos de control de corriente, los cuales son típicos en el control vectorial de motores (Posada, 2005).

7.3.3.2 Ventajas

- Los armónicos triples desaparecen del espectro de frecuencia y quedan presentes solo las bandas laterales de dichos armónicos (Figura 7.14). El aporte de las componentes residuales debidas a los armónicos mayores al cuarto orden es menor al 5 %, pequeño comparado con los tres primeros armónicos (Posada, 2005).

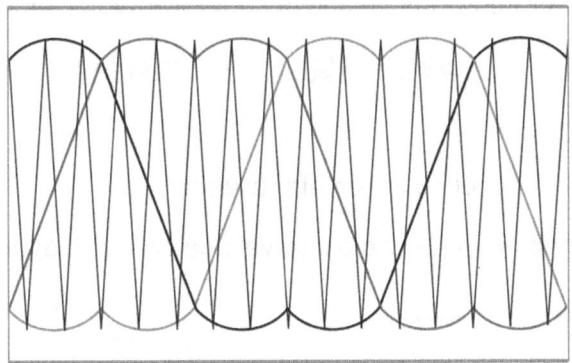

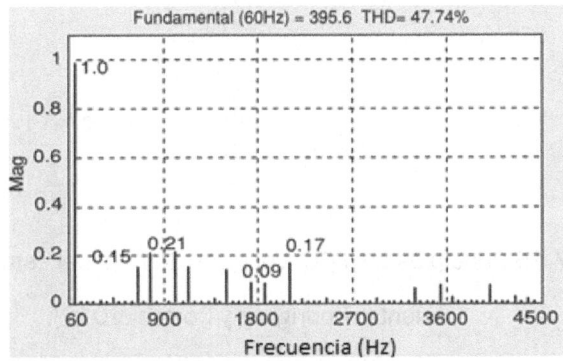

Figura 7.14 Referencias de técnicas de modulación simuladas en Matlab-Simulink y espectro de frecuencias SVM.

Fuente: Posada (2005).

7.3.4 Control directo de par (Direct Torque Control)

El DTC se fundamenta en dos principios básicos. El primero está relacionado con la ecuación del estator.

$$\frac{d\Psi_s}{dt} = V_s - R_s\, i_s$$

donde:

- V_s es el voltaje aplicado al estator (voltios).

- R_s es la resistencia del estator (ohmios).

- i_s es la corriente del estator (amperios).

Al despreciar la resistencia del estator R_s , es posible relacionar el voltaje aplicado al estator con la variación del flujo magnético en el mismo.

$$\Delta \Psi_s = \Psi_s(t + T_s) - \Psi(t) \approx V_s T_s$$

donde:

- Ψ_s : Flujo magnético del estator (webers)

- T_s : Tiempo de muestreo o intervalo de control (segundos)

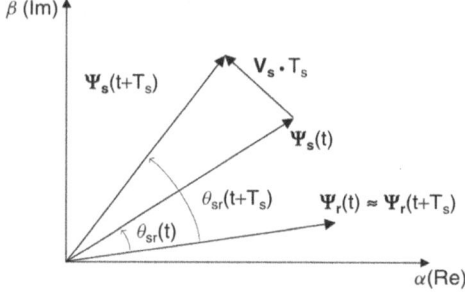

Figura 7.15 Principios del DTC. Vectores de flujo del estator y del rotor.

Fuente: Rodríguez y Cortes (2012).

Por lo tanto, el flujo del estator puede modificarse aplicando un determinado vector de voltaje del estator durante un intervalo de tiempo T_s. Esto permite controlar el vector de flujo del estator, haciendo que siga una trayectoria específica.

La segunda suposición es que la dinámica del flujo del rotor es más lenta que la del flujo del estator. Se puede asumir que, durante un intervalo de muestreo, el vector de flujo del rotor permanece constante. Además, se ha demostrado que el par electromagnético T_e depende del ángulo θ_{sr} entre los vectores de flujo del estator y del rotor [8].

$$T_e = \frac{3}{2}\rho \frac{L_m}{L_s L_r - L_m{}^2}|\Psi_s||\Psi_s|sin(\theta_{sr})$$

donde:

- ρ: Número de pares de polos (sin unidad)

- T_e: Par electromagnético (newton metro)

- L_m: Inductancia mutua entre estator y rotor (henrios)

- L_s: Inductancia del estator (henrios)

- L_r: Inductancia del rotor (henrios)

- θ_{sr}: Ángulo entre los vectores de flujo del estator y del rotor (radianes o grados)

Como se muestra en la Figura 7.15, el ángulo θ_{sr} puede modificarse mediante la aplicación del vector de voltaje del estator adecuado V_s.

Teniendo en cuenta los vectores de voltaje generados por un inversor de dos niveles, el plano complejo se divide en seis sectores, como se muestra en la Figura 7.16. Luego, para cada sector, se evalúa el efecto de cada vector de voltaje sobre el comportamiento del par y del flujo.

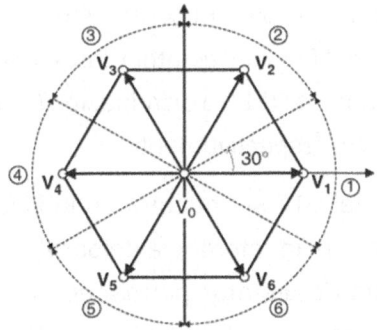

Figura 7.16 Definición de los sectores para DTC.

Fuente: Rodríguez y Cortes (2012).

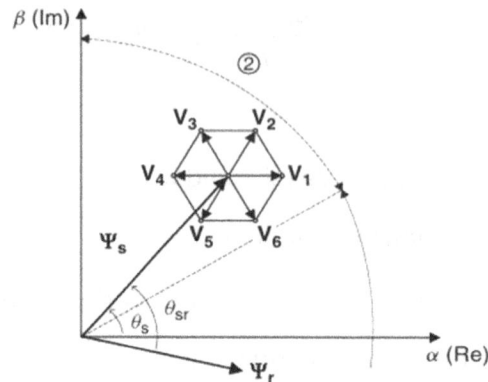

Figura 7.17 Ejemplo de selección de vectores de voltaje en DTC.

Fuente: Rodríguez y Cortes (2012).

Si el vector de flujo del estator Ψ_s se encuentra en el sector 2, como se muestra en la Figura 7.17, al aplicar el vector V_3 se incrementan tanto el par electromagnético T_e como la magnitud del flujo $|\Psi_s|$, mientras que al aplicar V_1, el par disminuye pero la magnitud del flujo sigue aumentando. De esta manera, se construye una tabla de búsqueda que considera el aumento o disminución de T_e y $|\Psi_s|$ en cada sector.

La tabla de búsqueda resultante para el control DTC se presenta en la Tabla 7.3. Sus entradas son el sector del flujo del estator y las señales de control h_Ψ y h_T, que indican si se requiere un aumento ("1") o disminución ("−1") de la magnitud del flujo del estator y del par eléctrico, respectivamente.

Un diagrama de bloques del DTC se muestra en la Figura 7.18. Un lazo externo de control de velocidad genera la referencia de par T_e, mientras que la referencia para la magnitud del flujo del estator permanece constante. El modelo de la máquina se utiliza para estimar el par, así como la magnitud y el ángulo del vector de flujo del estator. Los errores de par y flujo se controlan mediante comparadores de histéresis individuales. Las salidas de estos comparadores, h_T y h_Ψ, junto con el ángulo del flujo del estator θ_s son las entradas de la tabla de búsqueda para seleccionar el vector de voltaje. El vector seleccionado se aplica directamente al inversor, y la máquina responde a la acción de control siguiendo el principio del DTC.

Los resultados de un arranque controlado desde cero hasta la velocidad nominal, y un cambio de sentido de giro en el tiempo 1.5 s, se muestran en la Figura 2.16.

(h_ψ, h_T)				
Sector	(1,1)	(1,-1)	(-1,1)	(-1,-1)
1	V_2	V_6	V_3	V_5
2	V_3	V_1	V_4	V_6
3	V_4	V_2	V_5	V_1
4	V_5	V_3	V_6	V_2
5	V_6	V_4	V_1	V_3
6	V_1	V_5	V_2	V_4

Tabla 7.3 Estados de conmutación.

Fuente: Rodríguez y Cortes (2012).

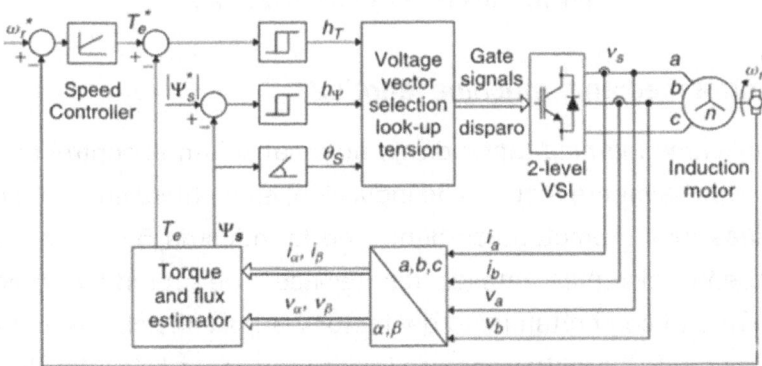

Figura 7.18 Diagrama de bloques del DTC (VSI = Inversor de fuente de voltaje).

Fuente: Rodriguez y Cortes (2012).

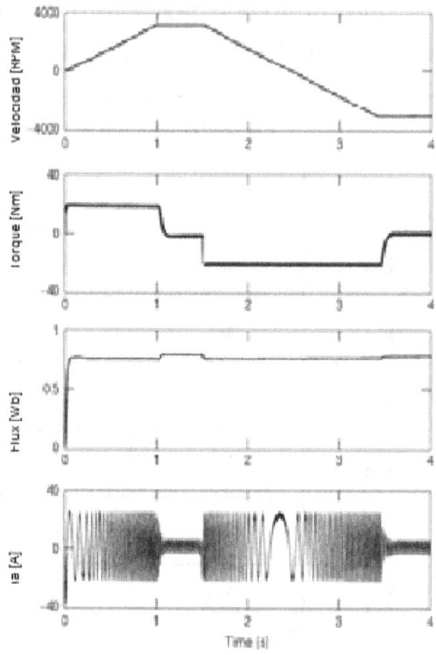

Figura 7.19 Resultados del DTC para un escalón en la velocidad
de referencia y una inversión de velocidad.

Fuente: Rodríguez y Cortes (2012).

7.3.5 Control mediante *machine learning*

El uso de *machine learning* (aprendizaje automático) en el control de motores
eléctricos, especialmente motores de inducción, está emergiendo como una de
las disciplinas más prometedoras dentro de la Industria 5.0. Esta tecnología
permite diseñar sistemas inteligentes capaces de aprender y adaptarse
dinámicamente al comportamiento del motor y a las condiciones variables del
proceso, superando las limitaciones de los esquemas tradicionales de control.

El *machine learning* puede aplicarse prácticamente a cualquier sistema de
control, siempre que este cuente con la infraestructura adecuada para recolectar,
procesar y analizar datos. En el caso de los motores de inducción, esto implica
que el sistema de control sea lo bastante «inteligente» como para ajustar
automáticamente parámetros como el par, la velocidad, el flujo magnético o
incluso la estrategia de conmutación, en función del análisis de grandes
volúmenes de datos provenientes del proceso.

Las técnicas supervisadas, como redes neuronales, máquinas de vectores soporte (SVM) y regresión logística, son especialmente útiles en control predictivo y en problemas donde se disponen de datos históricos de operación. Estas técnicas pueden aprender a mapear las entradas del sistema (variables de control) a salidas deseadas, lo que permite el diseño de controladores basados en modelos aprendidos en lugar de modelos matemáticos explícitos.

- **Redes neuronales:** Las redes neuronales imitan el proceso de aprendizaje del cerebro humano, lo que las hace ideales para modelar comportamientos no lineales y sistemas con dinámica compleja, tal y como se muestra en la Figura 7.20 La estructura de las redes neuronales puede tener muchos datos de entrada pero únicamente uno de salida. Las redes neuronales se pueden emplear para:

  - **Control adaptativo**: ajustar parámetros en función del error entre la salida real y la deseada.

  - **Control predictivo**: anticipar el comportamiento futuro del sistema y actuar en consecuencia.

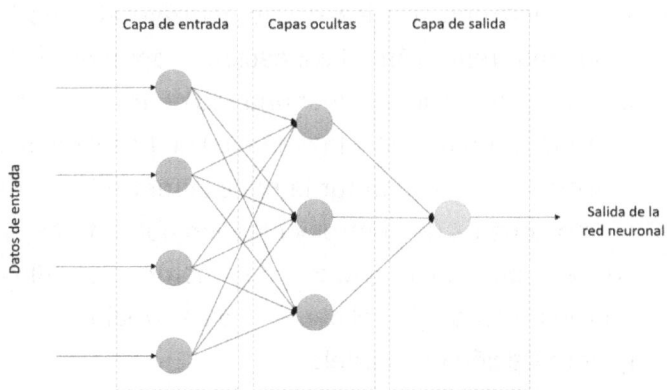

Figura 7.20 Estructura de una red neuronal.

Fuente: (Goodfellow et al., 2016).

- **Implementación del control basado en *machine learning*:** La implementación de un sistema de control inteligente mediante *machine learning* sigue una secuencia estructurada de etapas. A continuación, se detallan los pasos clave para su desarrollo e integración.

- **Recolección de datos:** El primer paso consiste en capturar una gran cantidad de variables operativas del motor mediante sensores conectados a un PLC, microcontrolador o sistema embebido. Algunos de los datos son:

    - Voltaje

    - Velocidad de rotación

    - Temperatura del estator o rotor

    - Vibraciones

    - Par motor

    - Factor de potencia

    - Condición de carga

  Todos estos datos se adquieren en tiempo real y se pueden almacenar localmente o enviarse hacia plataformas de análisis más avanzadas.

- **Entrenamiento del modelo.** Con los datos preprocesados, se selecciona una técnica de aprendizaje adecuada en función del problema: regresión, clasificación o aprendizaje por refuerzo. Por ejemplo, se puede emplear una red neuronal profunda (*deep neural network*) para modelar la dinámica no lineal de un motor. El modelo se entrena para capturar la relación entre las variables de entrada (como señales de control y estados del sistema) y las variables de salida (como la respuesta del motor). Se utilizan conjuntos de entrenamiento y validación para mejorar la capacidad de generalización del modelo.

- **Validación y evaluación del modelo.** La validación cruzada y otros métodos estadísticos (como la matriz de confusión, el error cuadrático medio o el coeficiente de determinación) permiten evaluar el rendimiento del modelo. Es crucial asegurar que el modelo no esté sobreajustado (*overfitting*) y que sea capaz de predecir con precisión el comportamiento del sistema ante condiciones nuevas o no vistas previamente.

- **Modelo y aprendizaje.** Una vez validado, el modelo se incorpora al lazo de control como un componente que puede:

    - Predecir fallas (mantenimiento predictivo).

    - Ajustar automáticamente parámetros de control como el voltaje, la frecuencia o la corriente aplicada.

En la Figura 7.21 se muestran los pasos necesarios para realizar la técnica de *machine learning.*

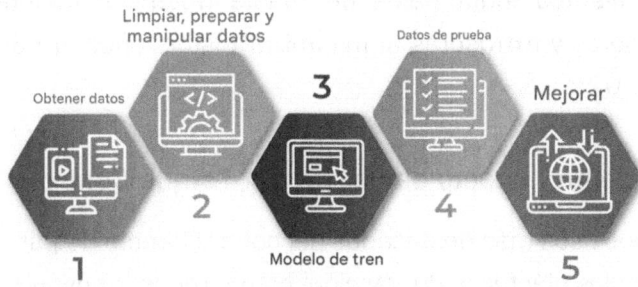

Figura 7.21 Implementación de *machine learning.*

Fuente: Verma (2024).

7.4 Aplicaciones industriales

7.4.1 Control predictivo

El control predictivo ha demostrado ser una herramienta altamente eficaz en una amplia gama de aplicaciones industriales, gracias a su capacidad para anticipar el comportamiento futuro de un sistema y optimizar el control en tiempo real. En la industria petroquímica, se emplea para regular la operación de columnas de destilación y reformadores catalíticos, lo que permite mejorar la eficiencia energética y mantener la calidad del producto dentro de especificaciones rigurosas. En el sector de alimentos y bebidas, se utiliza para el control térmico en hornos y autoclaves, para asegurar una cocción homogénea y una mayor seguridad alimentaria. En plantas de generación eléctrica, particularmente en ciclos combinados, el control predictivo facilita la coordinación entre turbinas de gas y vapor, lo que maximiza la eficiencia del sistema ante cambios de carga. Asimismo, en la industria del cemento y del papel, se implementa para estabilizar variables críticas como la temperatura del horno rotatorio o la consistencia de la pulpa, reduciendo así el consumo de combustible y aumentando la calidad del producto final. Estas aplicaciones reflejan la versatilidad y el valor estratégico del control predictivo en entornos industriales complejos y dinámicos.

7.4.2 Modulación por vector espacial (Space Vector Modulation)

Inversores para energías renovables: Maximiza la eficiencia en sistemas fotovoltaicos y eólicos al reducir pérdidas por conmutación (Holtz, 1992).

Accionamientos industriales de media potencia: Mejora el rendimiento en compresores y extrusoras al minimizar distorsiones armónicas (Kazmierkowski et al., 2002).

7.4.3 Control directo de par (Direct Torque Control)

Uno de los usos más destacados del control directo de par (DTC) se encuentra en los vehículos eléctricos de tracción, como trenes, tranvías y autobuses eléctricos. En estos sistemas, el DTC permite un control preciso del par motor incluso a bajas velocidades, lo que es fundamental para garantizar arranques suaves, evitar deslizamientos y mantener un alto rendimiento energético. Además, este tipo de control responde de forma muy rápida ante cambios en la carga, lo que mejora significativamente el confort del pasajero y la eficiencia del sistema. Por ejemplo, la empresa ABB implementa DTC en sus convertidores de tracción para lograr un rendimiento óptimo en sistemas ferroviarios, y destaca su capacidad para reducir vibraciones y mejorar la estabilidad del motor (ABB Drives, 2020).

Otro caso importante de aplicación industrial del DTC se da en las extrusoras de plástico utilizadas en la industria de procesos continuos. En este tipo de maquinaria, el control del par es crítico para asegurar un flujo uniforme del material durante el proceso de extrusión, especialmente ante variaciones en la viscosidad o presión del sistema. El DTC permite una respuesta inmediata ante cambios de carga y elimina la necesidad de sensores de velocidad adicionales, ofreciendo un control altamente eficiente y confiable. La empresa Siemens ha documentado la utilización de DTC en líneas de extrusión de polímeros como PVC y polietileno, donde se requiere mantener la velocidad del tornillo constante para asegurar la calidad del producto final (Siemens AG, 2017).

7.4.4 Control FOC (orientado por campo)

El control orientado al campo (FOC) es una técnica avanzada de control utilizada en variadores de frecuencia que permite lograr una mayor precisión y rendimiento en motores eléctricos. Entre sus principales beneficios se encuentra la mayor velocidad máxima, lo cual es esencial en aplicaciones que requieren alta velocidad y respuesta dinámica. Además, ofrece mayor eficiencia, lo que la hace ideal para aplicaciones donde el consumo energético y el calor deben minimizarse (Performance Motion Devices, 2021).

Mayor velocidad máxima:

- Centrífugas
- Husillos de máquinas herramienta
- Lectores de códigos de barras
- Escáneres e impresoras de tambor
- Instrumentación científica
- Sopladores y compresores de alta velocidad

Mayor eficiencia:

- Vehículos eléctricos
- Aplicaciones portátiles
- Aplicaciones sensibles al calor

7.5 Análisis de eficiencia del control SVPWM en motores de inducción

La técnica SVPWM emerge como solución avanzada frente a las limitaciones de la modulación PWM convencional, pues ofrece mejores prestaciones en términos de reducción de armónicos y aprovechamiento del bus de DC. Este capítulo analiza meticulosamente la eficiencia de un sistema de control basado en SVPWM implementado en lazo abierto y evalúa su comportamiento bajo diferentes condiciones operativas. La investigación emplea dos motores trifásicos de 0.37 kW y 1 kW respectivamente, sometidos a una carga constante de 1.5 N·m y que cubren un rango amplio de velocidades, desde 200 rpm hasta 3600 rpm.

El estudio adquiere especial relevancia si consideramos que, según datos de la industria, menos del 10 % de los motores actualmente en operación incorporan sistemas de control de velocidad variable, lo que representa una oportunidad significativa para mejorar la eficiencia energética en procesos industriales.

7.5.1 Principios de funcionamiento

7.5.1.1 Principios de operación del motor de inducción

Los motores de inducción trifásicos (Figura 7.22) operan basándose en el principio de campo magnético rotatorio generado en el estator. Cuando se aplica un sistema trifásico equilibrado, se produce un campo magnético que gira a velocidad sincrónica, lo que induce corrientes en el rotor de jaula de ardilla. Estas corrientes retóricas interactúan con el campo estatórico, generando así el par electromagnético que pone en movimiento el eje mecánico.

La velocidad real del rotor siempre es ligeramente inferior a la velocidad sincrónica (deslizamiento), y esta diferencia es fundamental para la generación de torque. La relación entre velocidad, frecuencia de alimentación y número de polos viene dada por la ecuación clásica Ns = 120f/P, donde Ns es la velocidad sincrónica en rpm, f la frecuencia en Hz y P el número de polos.

Figura 7.22 Motor de inducción.

Fuente: Sánchez, F (2024). Simulación de motor [autoría propia].

7.5.1.2 Arquitectura de inversores de frecuencia variable

Los modernos variadores de frecuencia (Figura 7.23) emplean topologías de electrónica de potencia basadas en transistores IGBT, lo que permite un control preciso de la velocidad mediante el ajuste de la frecuencia y la amplitud del voltaje aplicado al motor. La eficiencia global del sistema depende críticamente de las pérdidas en cada una de estas etapas. Las pérdidas por conmutación en el inversor son particularmente relevantes.

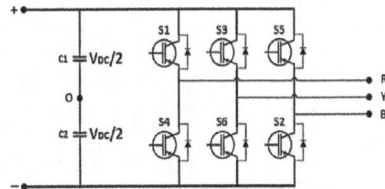

Figura 7.23 Estructura interna del variador de frecuencia.

Fuente: Sánchez, (2023).

7.5.1.3 Fundamentos de la técnica SVPWM

La modulación SVPWM representa un avance significativo respecto a las técnicas PWM convencionales al considerar el sistema trifásico como un único vector espacial en un plano complejo (Figura 7.24). Este enfoque permite:

- Mayor aprovechamiento del voltaje disponible (aproximadamente 15 % más que el PWM sinusoidal)
- Reducción de armónicos de bajo orden
- Menor ripple de corriente
- Implementación digital eficiente

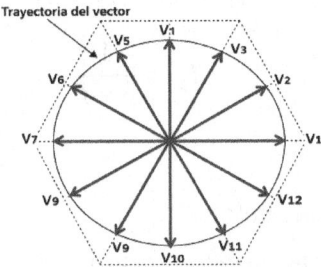

Figura 7.24 Plano complejo con vectores intermedios.

Fuente: Sánchez, F (2024). Simulación de motor [autoría propia].

El plano complejo se divide en seis sectores (60° cada uno), utilizando ocho vectores posibles (seis activos y dos nulos). La secuencia de conmutación óptima mostrada en la Tabla 7.4 busca minimizar tanto las pérdidas como la distorsión armónica y requiere cálculos precisos de los tiempos de activación para cada vector.

Zona	Secuencia
1	V0-V1-V2-V7-V2-V1-V0
2	V0-V3-V2-V7-V2-V3-V0
3	V0-V3-V4-V7-V4-V3-V0
4	V0-V5-V4-V7-V4-V5-V0
5	V0-V5-V6-V7-V6-V5-V0
6	V0-V1-V6-V7-V6-V1-V0
7	V0-V1-V2-V7-V2-V1-V0
8	V0-V3-V2-V7-V2-V3-V0

Tabla 7.4 Secuencia vectorial utilizando dos vectores nulos.

Fuente: Sánchez, F (2024). Simulación de motor [autoría propia].

- **Cálculo de tiempos de conmutación**

  Las ecuaciones fundamentales presentadas a continuación permiten determinar los tiempos de aplicación para los vectores activos (T1, T2) y el vector nulo (T0).

$$T_1 = \frac{\sqrt{3}V_{ref}T_s}{V_{cc}}\sin\left(\frac{\pi}{3} - \alpha\right)$$

$$T_2 = \frac{\sqrt{3}V_{ref}T_s}{V_{cc}}\sin(\alpha)$$

$$T_0 = T_S - T_1 - T_2$$

$$T_S = \frac{1}{6*f}$$

donde:

- T_S: Período en cada sector.

- f: Frecuencia de la señal sinusoidal del sistema; se divide entre 6 debido a que existen 6 sectores.

- V_{ref}: Módulo del vector de referencia.

- α: Ángulo entre el vector de referencia y el vector de dirección.

- $\frac{\pi}{3}$: Ángulo entre dos vectores de dirección consecutivos, (igual a 60°).

- T_1: Tiempo de aplicación del vector de dirección V1.

- T_2: Tiempo de aplicación del vector de dirección V2.

- T_0: Tiempo de aplicación del vector nulo V0 o V7.

La implementación práctica requiere consideraciones adicionales, como la limitación de la razón de modulación (*modulation index*) y la compensación de tiempo muerto (*dead-time compensation*) para evitar cortocircuitos en las piernas del inversor.

7.5.2 Implementación detallada del sistema

La investigación se realiza utilizando la biblioteca eléctrica de Simulink para el control por modulación de ancho de pulso en espacio vectorial (SVPWM) de un motor de inducción, en la cual se calculan los tiempos de conmutación para generar el vector de espacio y se emplea un método experimental para determinar la eficiencia del sistema.

La Figura 7.25 muestra el sistema del controlador, el motor y los instrumentos de medición, así como los bloques obtenidos mediante la transformación de Clark y Park, y los tiempos del vector de espacio.

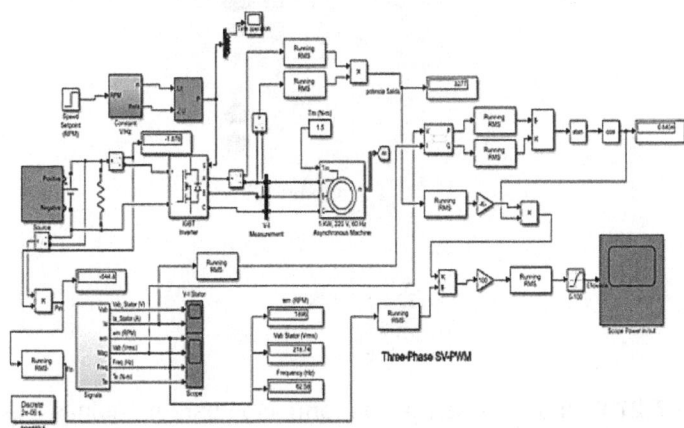

Figura 7.25 Diagrama general de Matlab y Simulink.

Fuente: Sánchez, F (2024). Simulación de motor [autoría propia].

La Figura 7.26 muestra los elementos utilizados para validar el modelo matemático de este proyecto, los cuales se llevaron a cabo mediante el módulo «Training systems for electric machines, drivers and power electronics». Este módulo didáctico cuenta con todos los elementos necesarios para verificar el funcionamiento del sistema físico.

Figura 7.26 Sistemas de formación para máquinas eléctricas, controladores y electrónica de potencia.

Fuente: Sánchez, F (2024). Simulación de motor [autoría propia].

La Figura 7.27 presenta la fuente de alimentación de voltaje de línea para corriente alterna y trifásica. La red de suministro ha sido adaptada por la empresa Lucas Nulle, especialmente para su uso con máquinas eléctricas. Las características de esta fuente se detallan a continuación.

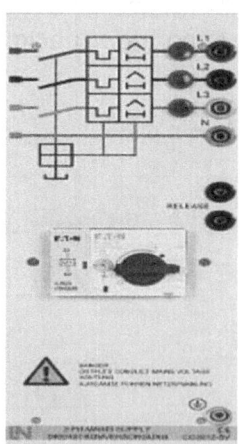

Figura 7.27 Fuente de sistemas de formación para máquinas eléctricas, controladores y electrónica de potencia.

Fuente: Sánchez, F (2024). Simulación de motor [autoría propia].

La Figura 7.28 muestra el sistema de enseñanza de conversores estáticos de conmutación forzada, que permite el montaje y análisis de circuitos de electrónica de potencia con IGBT. Además de los semiconductores de potencia, el sistema cuenta con dispositivos de activación y medición para todas las variables importantes.

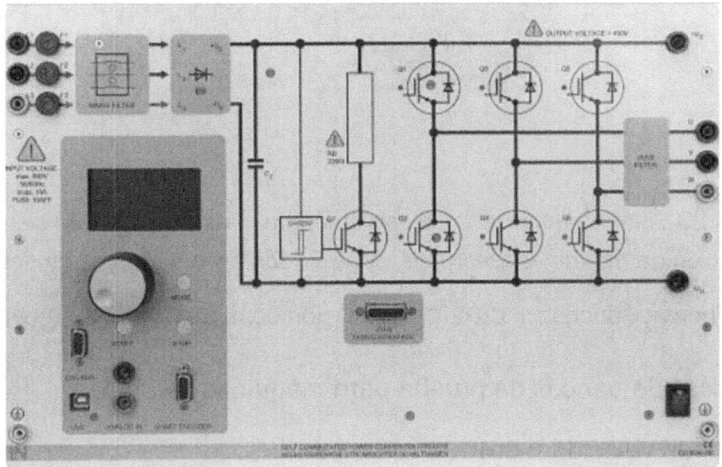

Figura 7.28 Convertidores estáticos de conmutación forzada de sistemas de entrenamiento para máquinas eléctricas, controladores y electrónica de potencia.

Fuente: Sánchez, F (2024). Simulación de motor [autoría propia].

Características del inversor IGBT de seis pulsos:

- Capacidad de 1 kVA

- Frecuencia PWM seleccionable

- Protecciones integradas contra sobretensión y sobrecarga

- Interfaz con Matlab/Simulink

La Figura 7.29 presenta el banco de pruebas de servomotores, un sistema completo para el análisis de máquinas eléctricas y transmisores. Está formado por una unidad de control digital, un freno y el software ActiveServo. El sistema integra la tecnología más avanzada con una operación sencilla.

El freno consiste en una unidad de freno servoasíncrono con refrigeración propia y resolutor. La conexión del cable del motor y del sensor se realiza mediante un conector enchufable resistente a inversiones de polaridad. La máquina cuenta con control térmico y, junto con la unidad de control, conforma un sistema de transmisión y frenado libre de deriva que no requiere calibración.

Figura 7.29 Sistema de prueba de servomáquinas dinámicas para sistemas de formación de máquinas eléctricas, controladores y electrónica de potencia.

Fuente: Sánchez, F (2024). Simulación de motor [autoría propia].

Características de bancos de prueba para máquinas eléctricas:

- Rango de velocidad: 0-4000 rpm
- Torque máximo: 10 Nm
- Resolución del encoder: 65536 pulsos/revolución
- Monitorización térmica continua

Las Figuras 7.30 y 7.31 muestran las imágenes de las dos máquinas utilizadas en el proyecto, las cuales presentan las siguientes características:

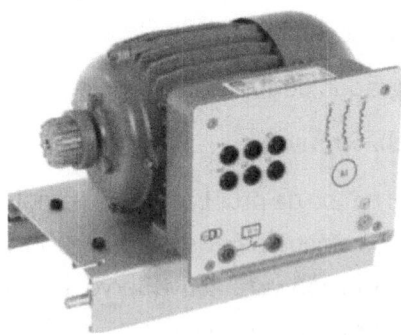

Figura 7.30 Máquina de inducción trifásica de sistemas de formación para máquinas eléctricas, controladores y electrónica de potencia.

Fuente: Sánchez, F (2024). Simulación de motor [autoría propia].

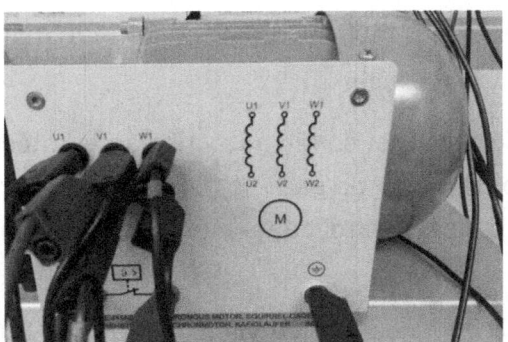

Figura 7.31 Máquina de inducción trifásica de sistemas de formación para máquinas eléctricas, controladores y electrónica de potencia.

Fuente: Sánchez, F (2024). Simulación de motor [autoría propia].

Características de los motores de inducción bajo prueba:

- Motor 1: 0.37 kW, 400V/230V, 3600 rpm nominal

- Motor 2: 1 kW, 400V/230V, 3600 rpm nominal

La Figura 7.32 presenta el diagrama de conexión del sistema.

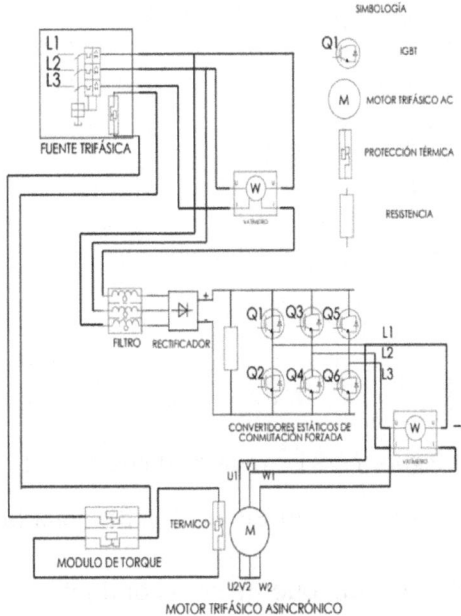

Figura 7.32 Diagrama de conexión del sistema físico.

Fuente: Sánchez, F (2024). Simulación de motor [autoría propia].

7.5.3 Metodología experimental

7.5.3.1 Modelado y simulación

Para analizar la eficiencia del controlador mediante la técnica de modulación por ancho de pulso de vector de espacio (SVPWM), se emplea la biblioteca de Simulink diseñada para el control de un motor de inducción trifásico utilizando SVPWM.

Se consideran tres escenarios de operación, a 200 rpm, 1300 rpm y 3600 rpm. Estos tres niveles de velocidad funcionan con una carga de 1.5 Nm. Luego, se instalan medidores de potencia en la entrada y salida del controlador y se calcula la eficiencia como la relación entre la potencia de salida y la potencia de entrada multiplicada por 100%. Además, se muestran los tiempos de conmutación de los semiconductores.

- **Caso A:** 200 RPM SIMULINK

   La Figura 7.33 muestra los parámetros de entrada para evaluar el caso A.

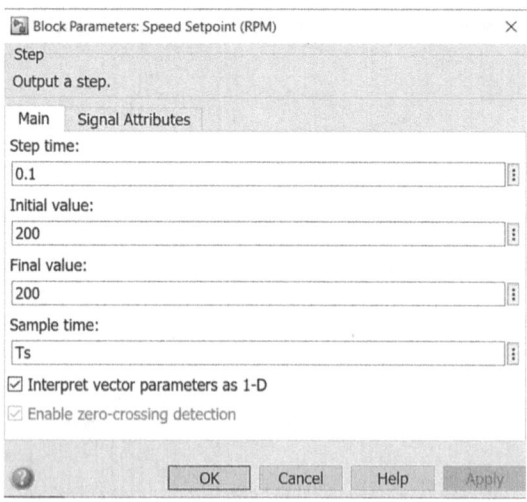

Figura 7.33 Entrada de datos del caso A.

Fuente: Sánchez, F (2024). Simulación de motor [autoría propia].

Las señales de activación del puente semiconductor en el semiconductor Q1 cambian de estado en el orden de 248.641 ms. Esta señal se puede observar en las Figuras 7.34 y 7.35.

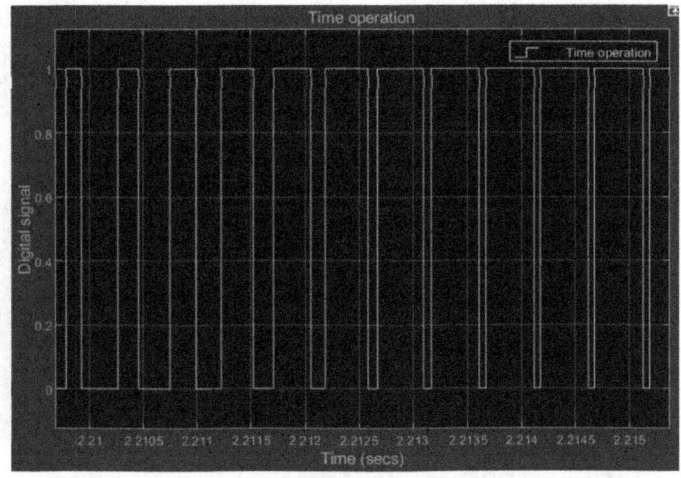

Figura 7.34 Tiempo de operación del semiconductor del caso A.

Fuente: Sánchez, F (2024). Simulación de motor [autoría propia].

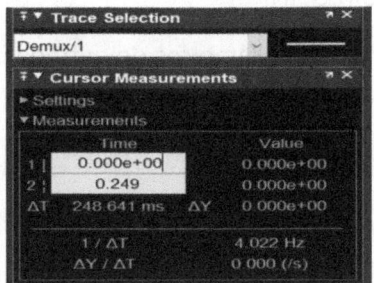

Figura 7.35 Tiempo de operación del semiconductor del caso A.

Fuente: Sánchez, F (2024). Simulación de motor [autoría propia].

La Figura 7.36 muestra el comportamiento de la eficiencia de la etapa de conversión de voltaje de CC a CA. Al inicio de la curva, se presenta una sección inestable, debido al tiempo de estabilización del arranque del sistema; posteriormente, alcanza una eficiencia del 69 %.

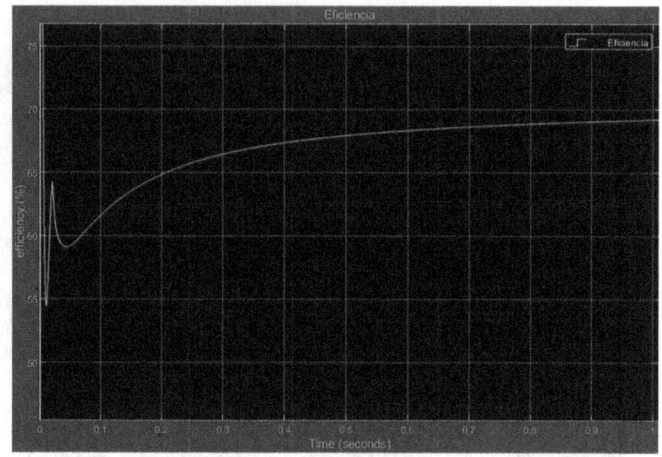

Figura 7.36 Curva de eficiencia del inversor del caso A.

Fuente: Sánchez, F (2024). Simulación de motor [autoría propia].

- **Caso B:** 1300 RPM SIMULINK

La Figura 7.37 muestra los parámetros de entrada para evaluar el caso B.

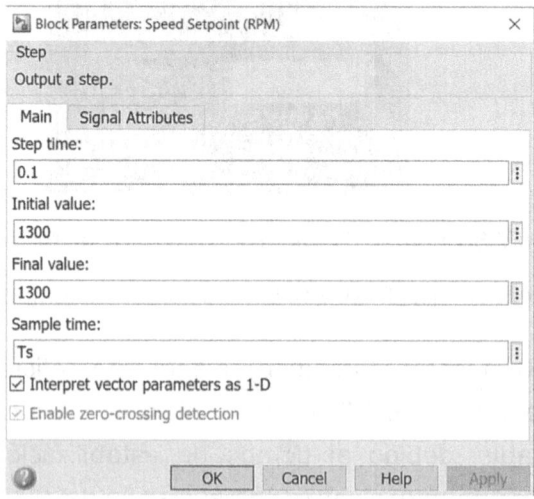

Figura 7.37 Entrada de datos del caso B.

Fuente: Sánchez, F (2024). Simulación de motor [autoría propia].

Las señales de disparo del puente semiconductor en el semiconductor Q1 cambian de estado en un orden de 31.322 ms. Esta señal se puede observar en las Figuras 7.38 y 7.39.

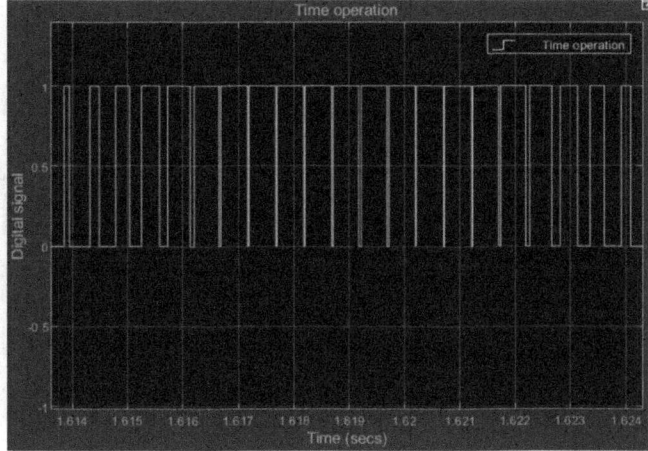

Figura 7.38 Tiempo de operación del semiconductor del caso B.

Fuente: Sánchez, F (2024). Simulación de motor [autoría propia].

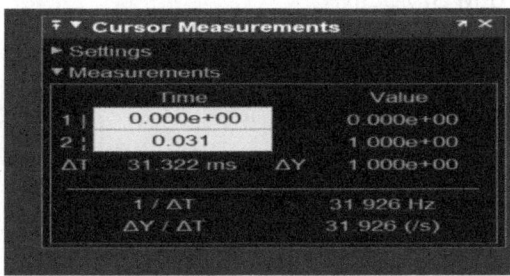

Figura 7.39 Tiempo de operación del semiconductor del caso B.

Fuente: Sánchez, F (2024). Simulación de motor [autoría propia].

La Figura 7.40 muestra el comportamiento de la eficiencia de la etapa de conversión de voltaje de CC a CA. Al inicio de la curva, se presenta una sección inestable, debido al tiempo de estabilización del arranque del sistema; posteriormente, alcanza una eficiencia del 49 %.

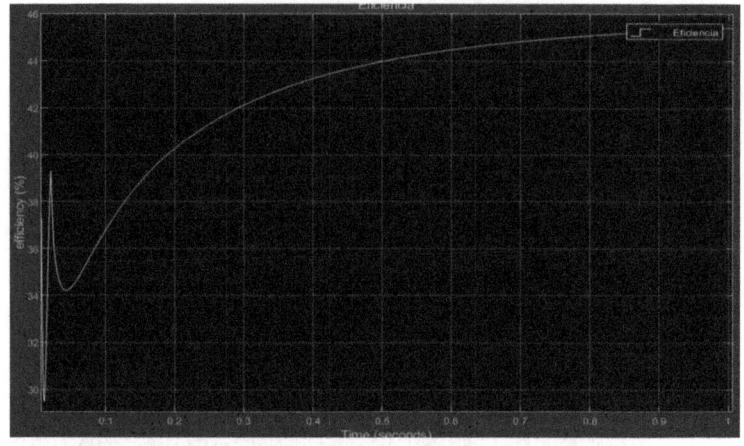

Figura 7.40 Curva de eficiencia del inversor del caso B.

Fuente: Sánchez, F (2024). Simulación de motor [autoría propia].

- **Caso C:** 3600 RPM SIMULINK

La Figura 7.41 muestra los parámetros de entrada para evaluar el caso C.

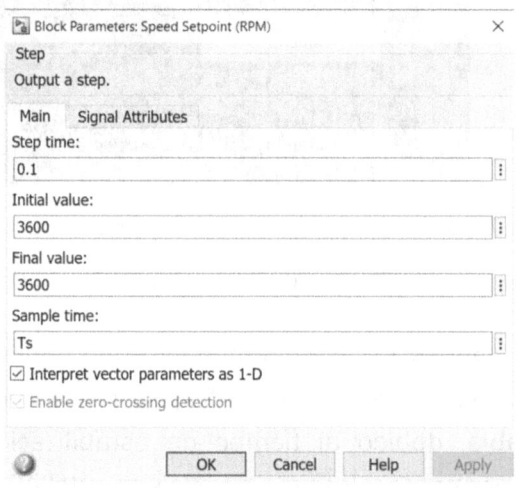

Figura 7.41 Entrada de datos del caso C.

Fuente: Sánchez, F (2024). Simulación de motor [autoría propia].

Las señales de disparo del puente semiconductor en el semiconductor Q1 cambian de estado en un orden de 16.696 ms. Esta señal se puede observar en las Figuras. 7.42 y 7.43.

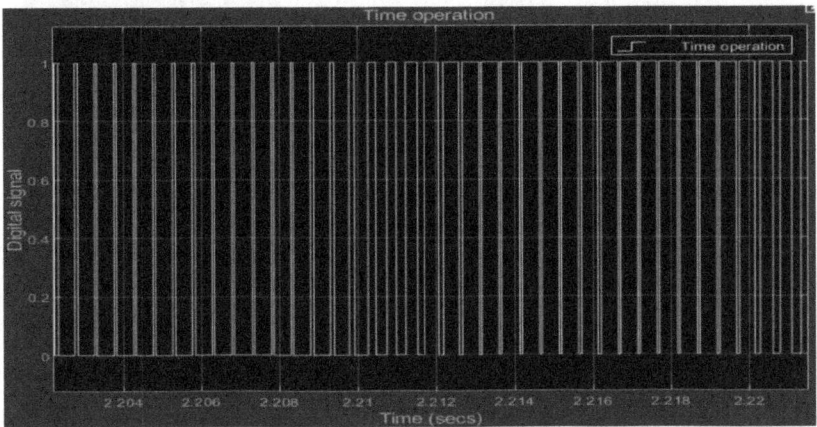

Figura 7.42 Tiempo de operación del semiconductor del caso C.

Fuente: Sánchez, F (2024). Simulación de motor [autoría propia].

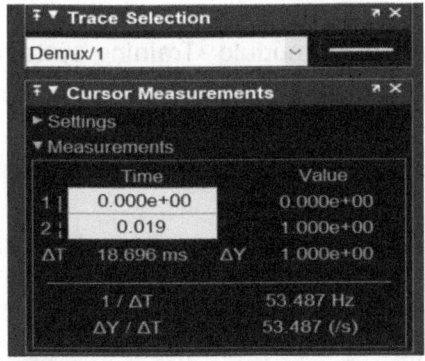

Figura 7.43 Tiempo de operación del semiconductor del caso C.

Fuente: Sánchez, F (2024). Simulación de motor [autoría propia].

La Figura 7.44 muestra el comportamiento de la eficiencia de la etapa de conversión de voltaje de CC a CA al inicio de la curva. Se presenta una sección inestable debido al tiempo de estabilización del arranque del sistema, que posteriormente alcanza una eficiencia del 45.4 %.

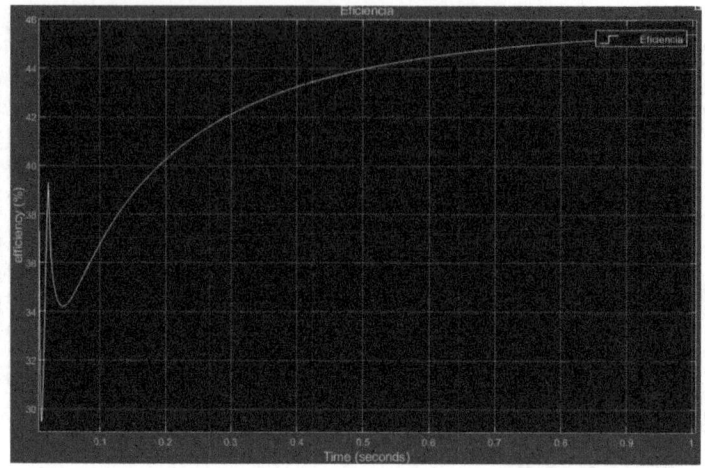

Figura 7.44 Curva de eficiencia del inversor del caso C.

Fuente: Sánchez, F (2024). Simulación de motor [autoría propia].

Implementación mediante el módulo «Training systems for electric machines, drivers and power electronics»

- **Caso A:** 200 rpm, módulo «Training systems for electric machines, drivers and power electronics»
  En la Figura 7.45, en el primer caso, el par de entrada se establece en 1.5 Nm y la velocidad en 200 rpm.

Figura 7.45 Datos de entrada del caso A.

Fuente: Sánchez, F (2024). Simulación de motor [autoría propia].

Con los datos del primer caso, se obtienen los resultados de la Figura 7.46: una potencia de 72.6 VA en la salida y una potencia de 99.9 VA en la entrada, lo que genera una eficiencia del 72.67 %.

Figura 7.46 Resultado de los datos medidos de entrada y salida de potencia.

Fuente: Sánchez, F (2024). Simulación de motor [autoría propia].

- **Caso B:** 1300 rpm, módulo «Training systems for electric machines, drivers and power electronics»

En la Figura 7.47 en el segundo caso, el par de entrada se establece en 1.5 Nm y la velocidad en 1300 rpm. Con estos datos, se obtienen los resultados de la Figura 7.48: una potencia de 165.4 VA en la salida y 336 VA en la entrada, lo que genera una eficiencia del 49.22 %.

Figura 7.47 Datos de entrada del caso B.

Fuente: Sánchez, F (2024). Simulación de motor [autoría propia].

Figura 7.48 Resultado de los datos medidos de entrada y salida de potencia.

Fuente: Sánchez, F (2024). Simulación de motor [autoría propia].

- **Caso C:** 3600 rpm, módulo «Training systems for electric machines, drivers and power electronics»

En la Figura 7.49, en el segundo caso, el par de entrada se establece en 1.5 Nm y la velocidad en 3600 rpm.

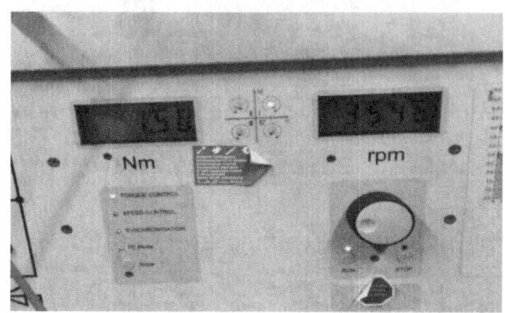

Figura 7.49 Datos de entrada del caso C.

Fuente: Sánchez, F (2024). Simulación de motor [autoría propia].

Con los datos del segundo caso, se obtienen los resultados de la Figura 7.50: una potencia de 214.4 VA en la salida y una potencia de 453 VA en la entrada, lo que genera una eficiencia del 47.32 %.

Figura 7.50 Resultado de los datos medidos de entrada y salida de potencia.

Fuente: Sánchez, F (2024). Simulación de motor [autoría propia].

El sistema completo permitió evaluar no solo la eficiencia energética, sino también aspectos dinámicos como el mantenimiento del torque bajo diferentes condiciones de carga y velocidad.

7.5.3.2 Adquisición y análisis de datos

La Tabla 7.5 presenta el resumen de los resultados comparando el sistema físico con el modelo matemático. El error mínimo alcanzado es del 0.4 % y el máximo del 5 %.

Caso	Velocidad (RPM)	Módulo Lucas Nulle (%)	Eficiencia del modelo matemático SImulink (%)	Error (%)
A	200	72.67	69	5
B	1300	49.22	49	0.4
C	3600	47.32	45.4	4.05

Tabla 7.5 Resumen de los casos comparando el sistema físico y el modelo matemático.

Fuente: Sánchez, F (2024). Simulación de motor [autoría propia].

La investigación se centra en la eficiencia del controlador y los motores se someten a diferentes escenarios operativos descritos en esta sección. El resultado de la eficiencia del controlador varía debido a que esta depende de la velocidad de conmutación de los IGBT, la cual a su vez depende de la velocidad de rotación del motor. Por ejemplo, a una velocidad de motor de 200 rpm, la velocidad de conmutación de los IGBT es de 248.641 ms y la eficiencia del controlador es del 69 %.

A continuación, se estudiarán las señales del motor de inducción, centrándonos en el par para definir los límites operativos del controlador y manteniendo la señal de par deseada.

La Figura 7.51 muestra los parámetros de velocidad y par del motor a 500 rpm. Podemos ver que el par permanece constante.

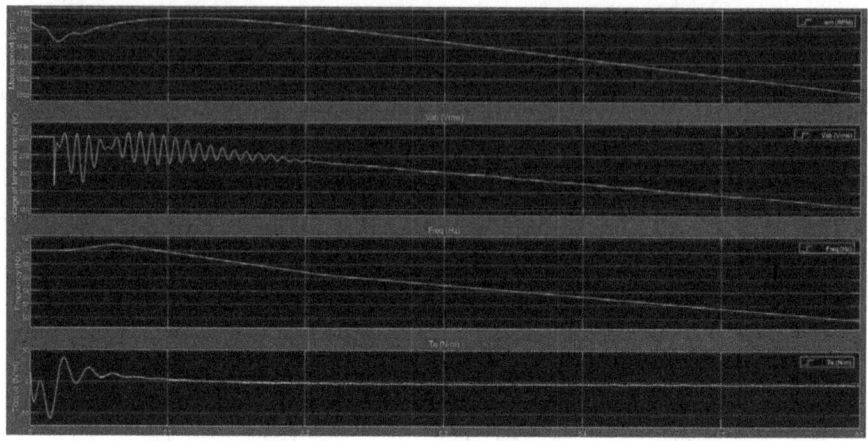

Figura 7.51 Resultado del parámetro del motor eléctrico a 500 rpm.

Fuente: Sánchez, F (2024). Simulación de motor [autoría propia]

La Figura 7.52 muestra los parámetros de velocidad y par del motor a 1700 rpm; se observa que la señal de par se mantiene constante.

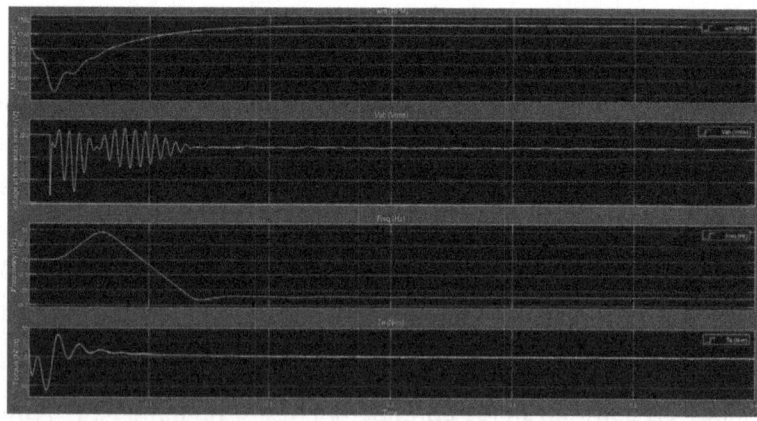

Figura 7.52 Resultado del parámetro del motor eléctrico a 1700 rpm.

Fuente: Sánchez, F (2024). Simulación de motor [autoría propia]

La Figura 7.53 muestra los parámetros de velocidad y par del motor a 3600 rpm; se observa que la señal de par pierde el valor deseado.

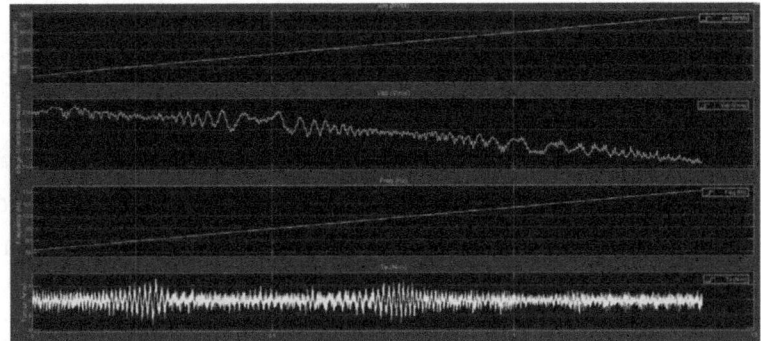

Figura 7.53 Resultado del parámetro del motor eléctrico a 3600 rpm.

Fuente: Sánchez, F (2024). Simulación de motor [autoría propia]

Al analizar el sistema en interacción directa con los parámetros operativos del motor, el rango de velocidad en el que se realizaron las pruebas fue de 200 rpm a 3600 rpm. Sin embargo, tras evidenciar un comportamiento irregular en el mantenimiento del par bajo carga, se obtuvo un rango operativo estable entre 500 rpm y 1725 rpm, ya que el par motor se mantiene constante dentro de este rango. Fuera de estos límites, se observa un aumento del error, como se presenta en la Tabla 7.5, lo que compromete el control de par deseado. Al operar el sistema por debajo de 500 rpm, el error del sistema, comparado con la validación con el sistema físico, alcanza un valor del 5 %. Otro problema importante que se presenta en el sistema físico a velocidades inferiores a 500 rpm es la pérdida de magnetización, lo que provoca la parada del motor, con un par de salida de cero newtons por metro. Por otro lado, a velocidades superiores a 1725 rpm, el sistema requiere una velocidad de conmutación cercana a 18.696 ms en el bloque semiconductor, y el par de la máquina deja de ser constante, como se puede observar en la Figura 7.53, con una velocidad de 3600 rpm.

La eficiencia del sistema a 1725 rpm alcanza valores cercanos al 45 % y el error comparado con el sistema físico alcanza un valor del 4 %; por esta razón, el modelo matemático ya no es confiable fuera de este límite.

7.6   Caso de estudio

Caso de estudio: Implementación del control FOC en variadores Siemens SINAMICS.

Contexto:

Los variadores de frecuencia Siemens SINAMICS G120 y S120 emplean la técnica FOC (Field Oriented Control) para el control preciso de motores de inducción y motores síncronos, tanto en entornos industriales como en sistemas de automatización.

Principio de operación:

El variador mide las corrientes del estator y, mediante una transformación de Clarke y Park, las convierte en componentes i_d (flujo) e i_q (par).

Los lazos de control PI independientes regulan ambas corrientes, lo que genera señales de tensión de referencia que luego son moduladas por SVPWM para excitar el motor.

Características del sistema Siemens:

Rango de potencia: 0.37 kW a 250 kW.

Frecuencia de conmutación: hasta 16 kHz (dependiendo del modelo).

Eficiencia del sistema: superior al 95 %.

Velocidad controlada: desde 0 hasta un 150 % de la nominal.

Funciones adicionales: identificación automática del motor («motor ID»), compensación de deslizamiento y control vectorial *sensorless*.

Ventajas observadas:

Arranque suave sin picos de corriente.

Excelente control de torque incluso a bajas velocidades.

Ahorro energético en aplicaciones con carga variable (bombas y ventiladores).

Comunicación integrada con sistemas PLC mediante PROFINET / PROFIBUS.

Aplicaciones industriales:

Líneas de producción automatizadas.

Transporte interno y cintas industriales.

Bombas centrífugas y compresores de alta eficiencia.

Ascensores y sistemas de tracción controlada.

7.7 Conclusiones

Las técnicas de control avanzado aplicadas a motores de inducción trifásicos representan una evolución significativa frente a los métodos tradicionales, pues ofrecen mejoras notables en términos de eficiencia, precisión y adaptabilidad. El control predictivo por modelo (MPC) ha demostrado ser una herramienta poderosa para anticipar el comportamiento del sistema y optimizar el desempeño bajo múltiples restricciones operativas, lo que resulta esencial en entornos industriales complejos. Por su parte, el control orientado al campo (FOC) permite un control desacoplado del flujo y el par, emulando así las ventajas de los motores de corriente continua y facilitando aplicaciones que requieren gran exactitud y eficiencia energética.

El control directo de par (DTC) sobresale por su rápida respuesta dinámica y simplicidad estructural, por lo que es ideal para sistemas de tracción eléctrica y procesos continuos donde los cambios de carga son frecuentes. La modulación por vector espacial (SVM) complementa estas estrategias mediante una eficiente gestión del inversor, que reduce armónicos y mejora el aprovechamiento del bus de tensión continua. Finalmente, la incorporación de *machine learning* en los sistemas de control marca un punto de inflexión hacia soluciones inteligentes y adaptativas, capaces de aprender del entorno y ajustar su comportamiento en tiempo real.

En conjunto, estas tecnologías permiten abordar con mayor eficacia los desafíos actuales en el control de máquinas eléctricas, y potencian su rendimiento, versatilidad y sostenibilidad en una amplia gama de aplicaciones industriales. Sin embargo, su correcta implementación exige un dominio profundo del modelado del sistema, así como recursos computacionales adecuados y una infraestructura de censado avanzada.

7.8 Glosario técnico

SVPWM (Space Vector Pulse Width Modulation)

Técnica de modulación que controla los tiempos de conmutación de un inversor trifásico considerando el sistema como un vector rotatorio en el plano $\alpha-\beta$. Maximiza el uso del voltaje DC y reduce armónicos.

DTC (Direct Torque Control)

Método de control que actúa directamente sobre el par y el flujo del motor, sin moduladores intermedios. Proporciona una respuesta muy rápida y robusta.

MPC (Model Predictive Control)

Estrategia que predice el comportamiento futuro del sistema usando un modelo matemático para optimizar una función de coste en tiempo real.

FOC (Field Oriented Control)

Técnica que transforma las corrientes del estator a un sistema de referencia giratorio para controlar de forma independiente el flujo y el par.

Inversor de frecuencia (VFD)

Dispositivo electrónico que ajusta la frecuencia y amplitud del voltaje aplicado a un motor para controlar su velocidad y torque.

Ripple de par

Variación periódica no deseada en el par electromagnético del motor, que genera vibraciones y ruido.

Horizonte de predicción

Intervalo de tiempo en el que el controlador predictivo estima el comportamiento futuro del sistema.

Dead-time (tiempo muerto)

Intervalo breve de no conducción entre los estados de los transistores del inversor, necesario para evitar cortocircuitos.

CAPÍTULO 8
CONTROL DE UN MOTOR DE RELUCTANCIA CONMUTADA

8.1 Introducción

Los motores de reluctancia conmutada (SRM, por sus siglas en inglés, Switched Reluctance Motor) constituyen una alternativa emergente y competitiva a las máquinas de imanes permanentes (PM, por Permanent Magnet), debido a su construcción simple y robusta, bajo coste, operación a alta velocidad y ausencia de imanes permanentes (Watthewaduge, Sayed, Emadi y Bilgin, 2020).

El motor de reluctancia conmutada resulta adecuado para muchas aplicaciones de propulsión eléctrica y de velocidad variable. Gracias a su estructura sin escobillas y de bajo coste, se considera probablemente el tipo más simple de máquina eléctrica (Krishnan, 2001).

Para diseñar y analizar una máquina eléctrica se requiere un modelo electromagnético. El propósito final de modelar un SRM es analizar su estructura, funcionamiento y proponer mejoras tanto constructivas como de control. Para el modelo matemático de un SRM se necesitan las curvas características de flujo magnético y los datos del torque eléctrico. Estos datos pueden obtenerse mediante métodos analíticos basados en fórmulas específicas o por medio de simulaciones de elementos finitos con software especializado que considere la estructura y dimensiones de la máquina.

Una vez obtenidas las curvas de flujo magnético y torque eléctrico, se emplean herramientas en las que es posible parametrizar las fórmulas eléctricas y mecánicas fundamentales que rigen el funcionamiento del SRM. Posteriormente, los resultados se almacenan en tablas de interpolación para su posterior análisis y control (Mousavi-Aghdam, Feyzi, Bianchi y Morandin, 2016).

8.2 Principio de funcionamiento y características de un SRM

Un SRM está formado por un estator con polos de magnetización y un rotor de polos salientes sin devanados. En la Figura 8.1 se representa una sección transversal de la máquina con configuración de 8/6. Su funcionamiento se basa en los principios de transformación de energía electromecánica. Como el rotor es libre de girar y existe una fuente de magnetización, el circuito magnético de la máquina tiende a adoptar la posición de menor reluctancia y mayor inductancia.

Cuando se excita una fase, el rotor gira hasta que dos de sus polos se alinean con los polos del estator correspondientes a la fase excitada, generando así par. Este proceso incrementa la inductancia y reduce la reluctancia del circuito magnético. El movimiento del rotor —y, por lo tanto, la producción de par y potencia— requiere la conmutación de corriente en los devanados del estator durante la variación de reluctancia (Chen, Zhang, Cong y Zhang, 2002; Huijun, Wen y Zhenmin, 2005; Alves Martins, et al., 2019).

El motor de reluctancia conmutada (SRM) opera según el principio del par de reluctancia variable y posee bobinas de campo enrolladas como devanados del estator. Su rotor es un sólido saliente hecho de un núcleo de hierro suave (P. B. D., 2019).

Esta máquina presenta ventajas como resistencia, bajo coste, un amplio rango de velocidad y capacidad para operar a altas temperaturas (Ding et al., 2017).

Los parámetros estructurales del SRM —como la brecha de aire, la longitud y forma de los polos del rotor y el estator, el número de vueltas del devanado del estator, la longitud del núcleo de hierro y los arcos de polo— influyen significativamente en la fluctuación del par (Deng, Mecrow, Gadoue y Martin, 2016).

No obstante, los principales desafíos al utilizar motores SRM en diversas aplicaciones son su baja densidad de par y las altas fluctuaciones de par (Lan et al., 2020).

La construcción del SRM se caracteriza por la doble prominencia de polos. Sus características son altamente no lineales debido a que opera principalmente en la región de saturación magnética. Como resultado, no puede representarse adecuadamente mediante modelos analíticos linealizados, como los usados comúnmente para motores síncronos o de inducción. Se ha demostrado que es necesario emplear un modelo no lineal que considere la curva de magnetización del motor para representar adecuadamente el comportamiento del SRM (Le-Huy y Brunelle, 2005).

Figura 8.1 Estructura del motor de reluctancia conmutada.

Fuente: Sánchez, F (2024). Simulación de motor [autoría propia].

El número de polos del rotor debe ser tal que impida, en cualquier posición, la alineación completa con todos los polos del estator. Esto garantiza que siempre exista al menos un polo rotórico que pueda alcanzar el alineamiento, por lo tanto, deben cumplirse ciertas condiciones geométricas y de diseño específicas (Perat, 2006).

$$N_s = 2km$$

$$N_r = 2k(m \pm 1)$$

donde:

N_s = Número de polos del estator

Nr = Número de polos del rotor

k = Número entero (denominado multiplicidad)

2k = Número de polos por fase

m = Número de fases de la máquina

El ángulo de paso recorrido viene dado por la expresión siguiente:

$$\varepsilon = \frac{360^0}{N_r \cdot m}$$

La frecuencia de conmutación de las fases f (Hz) para que el rotor gire a una determinada velocidad N (min-1) será de:

$$f = \frac{N_r N}{60}$$

donde:

N = velocidad del motor en rpm

El paso polar rotórico se detalla en la siguiente formula:

$$T = \frac{360^0}{N_r}$$

El paso rotórico está relacionado con el ciclo de trabajo de la máquina como se ve en la Fig. 8.1. A la fase A de un motor 6/4, que es un motor de seis polos en el estator y cuatro polos en el rotor, le lleva 90° mecánicos completar un ciclo. El valor de la inductancia alcanza su valor máximo cuando el polo del rotor se alinea directamente con el polo del estator.

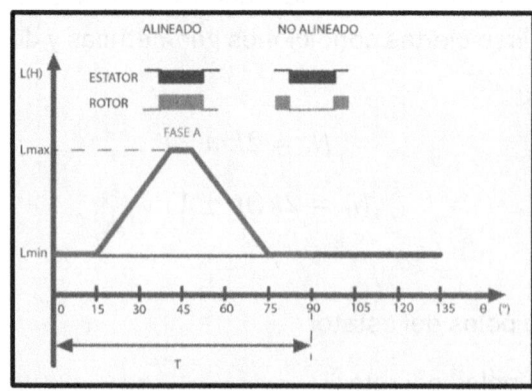

Figura 8.2 Evolución de la inductancia en función de la posición del rotor.
Fuente: Sánchez, F (2024). Simulación de motor [autoría propia].

El par se genera exclusivamente por la tendencia del circuito magnético a adoptar en todo momento la posición de mínima reluctancia, y es independiente del sentido de la corriente. La característica de magnetización φ(i, θ) representa el enlace de flujo del estator en función de la corriente del estator (i) y de la posición angular del rotor (θ) (Perat, 2006).

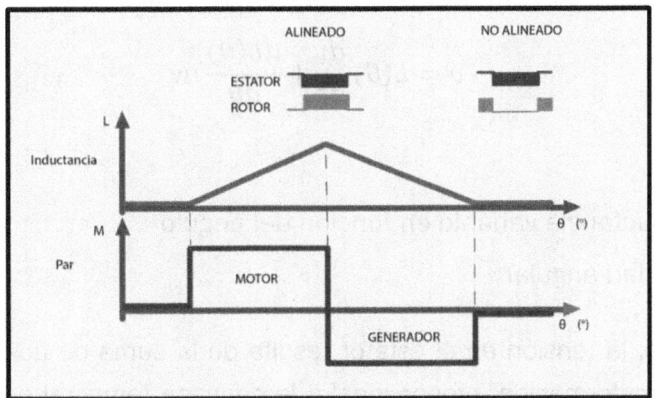

Figura 8.3 Par motor y generador en el SRM.

Fuente: Sánchez, F (2024). Simulación de motor [autoría propia].

El par de la máquina, cuando se activa en la pendiente positiva de la inductancia, es positivo y la máquina funciona como motor. Si, en cambio, se activa en la pendiente negativa de la inductancia, el par es negativo y la máquina actúa como generador. Esto se ilustra en la Figura 8.3.

Las inductancias de cada fase del motor evolucionan desde un valor máximo que corresponde a la posición de alineamiento entre los polos del estator y del rotor hasta un valor mínimo correspondiente a la posición de máxima desalineación (Balduino y Molina, s. f.).

La ecuación electromagnética general de cada fase estatórica puede escribirse así:

$$v - Ri = \frac{d\phi}{dt}$$

donde:

v = Voltaje

R = Resistencia interna del bobinado del estator

i = Corriente

ϕ = Flujo magnético

t = Tiempo

Despreciando la caída de tensión en la resistencia estatórica y asumiendo linealidad magnética, la ecuación se simplifica de la siguiente forma:

$$v = L(\theta)\frac{di}{dt} + \frac{dL(\theta)}{d\theta}iw$$

donde:

$L(\theta)$ = Inductancia variable en función del ángulo

w = Velocidad angular

De esta forma, la tensión en el estator resulta de la suma de dos términos: una tensión de transformación, proporcional a la derivada temporal de la corriente, y una fuerza contraelectromotriz, proporcional al producto de la corriente por la velocidad. Al multiplicar la ecuación electromagnética simplificada por la corriente, se obtiene la potencia eléctrica suministrada al motor (Balduino y Molina, s. f.).

$$v * i = L(\theta) * i\frac{di}{dt} + \frac{dL(\theta)}{d\theta}i^2w$$

la cual se puede reescribir de la siguiente forma:

$$v * i = \frac{d}{dt}\left(\frac{L(\theta)i^2}{2}\right) + \frac{dL(\theta)}{2d\theta}i^2w$$

donde:

$v * i$ = Potencia eléctrica

$L(\theta)$ = Inductancia variable en función del ángulo

w = Velocidad angular

La notación de la ecuación de la potencia eléctrica reescrita muestra cómo la potencia eléctrica suministrada al motor se divide en dos términos: uno que representa la variación de energía almacenada en el campo magnético (primer término de la expresión) y otro que representa la potencia mecánica (segundo término), el cual está asociado a la fuerza electromotriz (fem). La corriente en las fases del motor solo es efectiva cuando la inductancia varía con la posición del rotor.

Finalmente, conviene recordar que la potencia mecánica interna es igual al producto de la velocidad angular por el par, lo que permite obtener la característica de este último (Balduino y Molina, s. f.).

$$M = \frac{1}{2}\frac{dL(\theta)}{d\theta}i^2$$

donde:

M = Par producido

8.2.1 Modelamiento de SRM analítico por interpolación con tablas look-up

Las variables de flujo, inductancia y las características de par en función de las diferentes corrientes del estator y posiciones del rotor se almacenan en tablas bidimensionales de búsqueda (2D). Este mismo enfoque se emplea para el cálculo del torque (Watthewaduge et al., 2020).

En el modelo genérico propuesto, las curvas de magnetización extrema que corresponden a las posiciones alineadas y no alineadas del rotor se aproximan mediante funciones analíticas. Cabe destacar que los motores SRM operan principalmente en un alto grado de saturación magnética (Nirgude et al., 2017).

Los métodos de interpolación y ajuste de curvas requieren datos de entrada, los cuales pueden obtenerse mediante simulación por elementos finitos o mediante técnicas experimentales. En el primer caso, es necesario conocer con precisión la geometría de la máquina para ejecutar la simulación, la cual suele ser prolongada y requiere alta capacidad de cómputo. Si se opta por el método experimental, se necesita disponer físicamente de la máquina y de un conjunto de sensores que permitan registrar magnitudes como la resistencia del estator, la corriente, el voltaje y el torque. La principal limitación de este enfoque es que el modelo matemático resultante solo será válido para la geometría específica con la que se obtuvieron los datos (Nirgude et al., 2017).

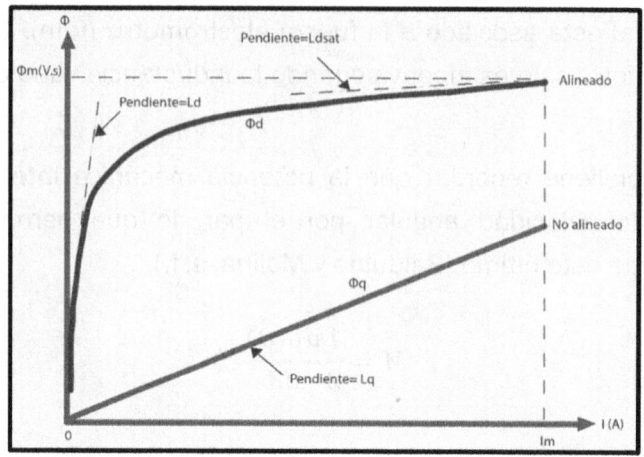

Figura 8.4 Curva de posición alineada y no alineada de SRM.

Fuente: Sánchez, F (2024). Simulación de motor [autoría propia].

Las fórmulas propuestas por Le-Huy y Brunelle (2005) permiten calcular los valores de flujo magnético en función de la corriente del estator y del ángulo mecánico del rotor, así como también el torque eléctrico en función de estas mismas variables. A continuación, se presentan dichas expresiones:

$$A = \phi_m - L_{dsat}I_m$$

donde:

ϕ_m = Flujo magnético para un valor de corriente I_m

L_{dsat} = Inductancia saturada

I_m = Corriente máxima

$$B = \frac{(L_d - L_{dsat})}{(\phi_m - L_{dsat}I_m)}$$

donde:

L_d= Inductancia no saturada

$$f(\theta) = \frac{(2N_r{}^3)\theta^3}{\pi^3} - \frac{(3N_r{}^2)\theta^2}{\pi^2} + 1$$

donde:

N_r= Número de polos del rotor

θ = Posición del rotor

$$\phi(i,\theta) = L_q i + \left(L_{dsat}i + A\left(1 - e^{-Bi}\right) - L_q i\right)f(\theta)$$

donde:

L_q = Inductancia no alineada

$$f'(\theta) = \left(\frac{6N_r^3}{\pi^3}\right)\theta^2 - \left(\frac{6N_r^2}{\pi^2}\right)\theta$$

$$T_e(i,\theta) = \left(\frac{\left(L_{dsat} - L_q\right)i^2}{2} + Ai - \frac{A\left(1 - e^{-Bi}\right)}{B}\right)f'(\theta)$$

8.2.2 Modelamiento de SRM analítico por ajuste de curvas lineales no lineales

En esta técnica, se emplean fórmulas de inductancia o fuerza de enlace del campo magnético de la máquina, expresadas como funciones de la posición del rotor y la corriente del estator (Safdarzadeh et al., 2019). La técnica de mínimos cuadrados se utiliza para ajustar los datos obtenidos, ya sea por simulación o mediante medición experimental, a dichas fórmulas.

El perfil de inductancia de fase, por ejemplo, puede aproximarse mediante una función lineal por tramos, lo que facilita su tratamiento numérico (Buja y Valla, s. f.).

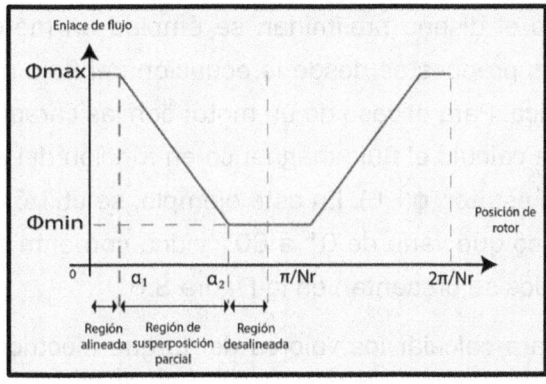

Figura 8.5 Una característica ideal de enlace de flujo de fase frente a la posición del rotor.

Fuente: Sánchez, F (2024). Simulación de motor [autoría propia].

$$L(\theta_r) = \begin{cases} L_a; & 0 \leq \theta_r \leq \alpha_1 \\ L_a - K(\theta_r - \alpha_1) & \alpha_1 \leq \theta_r \leq \alpha_2 \\ L_u; & \alpha_2 \leq \theta_r \leq \dfrac{2\pi}{N_r} - \alpha_2 \\ L_a + K\left(\theta_r - \dfrac{2\pi}{N_r} + \alpha_1\right); & \dfrac{2\pi}{N_r} - \alpha_2 \leq \theta_r \leq \dfrac{2\pi}{N_r} \end{cases}$$

donde:

K = La constante dada por $(L_a - L_u)/\beta_s$

L_a = Inductancia en posición alineada

L_u = Inductancia mínima en posición desalineada

α_1, α_2= Ángulos mostrados en la Figura 8.5

N_r = Número de polos del rotor

Se pueden desarrollar diferentes funciones por tramos en distintos rangos de posición del rotor para representar con mayor precisión las características del motor. Asimismo, es posible aplicar funciones no lineales por tramos, como las de tipo parabólico, con el fin de mejorar la aproximación del comportamiento electromagnético en cada intervalo (Roux y Morcos, 2002).

8.3 Diagrama de bloques para el modelo matemático del SRM

Para llevar a cabo el diseño preliminar, se empleó un método analítico, que aplica las fórmulas propuestas desde la ecuación del flujo magnético hasta la del ángulo mecánico. Para el caso de un motor con las características descritas en la Tabla 8.1, se calculó el flujo magnético en función del ángulo mecánico y de la corriente del estator, $\phi(i, \theta)$. En este ejemplo, se utilizó un motor 8/6, con un ángulo mecánico que varía de 0° a 60° y una corriente de 0 A a 10 A. Los resultados obtenidos se presentan en la Figura 8.6.

Posteriormente, para calcular los valores del torque eléctrico en función de la corriente y del ángulo mecánico, $T_e(i, \theta)$, se aplicaron las ecuaciones del torque de reluctancia no lineal. En este caso, también se utilizó un motor 8/6, nuevamente con un ángulo de 0° a 60° y corriente de 0 A a 10 A.

Característica	Valor
Resistencia del estator (Ohm)	3.1
Inercia (kg.m.m)	0.0082
Fricción (N.m.s)	0.01
Inductancia no alineada (H)	5.9e-3
Inductancia alineada (H)	23.6e-3
Corriente máxima (A)	10
Flujo máximo (Vs)	0.486

Tabla 8.1 Características de un motor SRM 8/6.

Fuente: Sánchez, F (2024). Simulación de motor [autoría propia].

En la Tabla 8.1 se presentan los datos técnicos de un motor 8/6, el cual dispone de ocho polos en el estator y seis polos en el rotor. Este motor será utilizado como referencia para explicar el modelo matemático en las siguientes secciones. Al aplicar la ecuación del paso polar rotórico a este tipo de motor, se obtiene un paso rotórico de 60°.

En la Figura 8.6 se presentan las curvas de flujo magnético $\psi(i, \theta)$ correspondientes a este motor. Cabe destacar que, en este caso, el flujo magnético se calcula para un rango angular de 0° a 30°, al igual que las curvas de torque mostradas en la Figura 8.7.

La máquina se está utilizando como motor, por eso se muestra solo medio ciclo mecánico de 00 a 300.

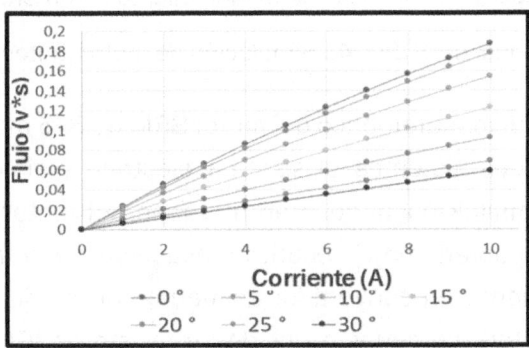

Figura 8.6 Curva de magnetización 8/6 SRM.

Fuente: Sánchez, F (2024). Simulación de motor [autoría propia].

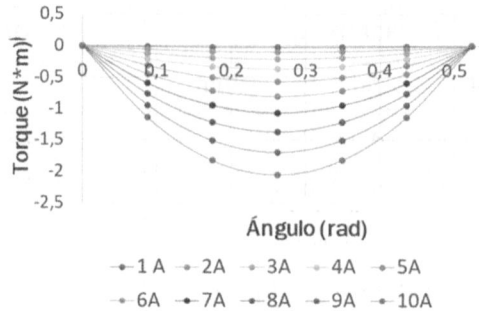

Figura 8.7 Curva de torque 8/6 SRM.

Fuente: Sánchez, F (2024). Simulación de motor [autoría propia].

La Figura 8.8 muestra la configuración general del modelo SRM. Consta de tres secciones en cascada: el circuito eléctrico de entrada, las características del par y la sección mecánica.

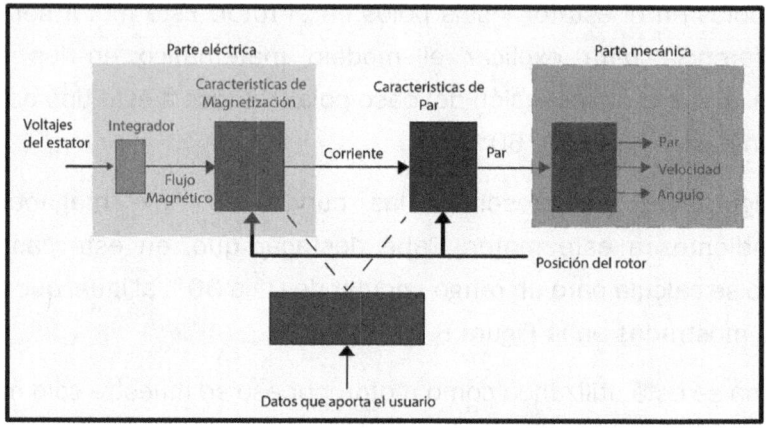

Figura 8.8 Técnicas de modelamiento de un SRM.

Fuente: Sánchez, F (2024). Simulación de motor [autoría propia].

Para generar el modelo matemático del motor SRM de 8/6 mediante tablas *look-up* consideramos dos sistemas el sistema eléctrico y sistema mecánico, se implementa en Simulink basándose en una fase del motor que analizando la ecuación de voltaje obtenemos la ecuación ecuación electromagnética general. Se emplea típicamente un convertidor asimétrico de media onda (Asymmetric Half-Bridge Converter), compuesto por dos transistores IGBT y dos diodos de rueda libre por fase.

La ecuación eléctrica para obtener el modelo matemático de la máquina se construye en Simulink como se ve en la Figura 8.9.

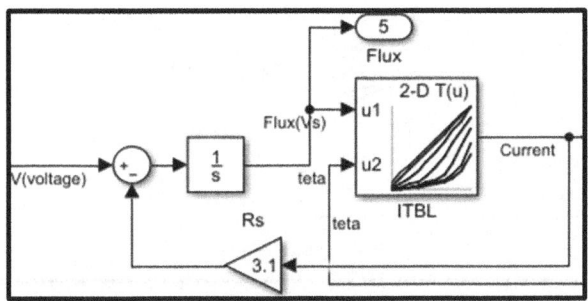

Figura 8.9 Bloque de la ecuación eléctrica 8/6 SRM.

Fuente: Sánchez, F (2024). Simulación de motor [autoría propia].

Los valores que se cargan a la ITBL mostrada en la Figura 8.9 se obtienen a partir de los datos del flujo magnético, que varía en función de la corriente y del ángulo mecánico φ (i,θ). En este caso se tiene una ecuación del comportamiento del flujo magnético de la cual se requiere despejar la corriente. Esta ecuación se cataloga como una ecuación no lineal, así que se utiliza la función de Matlab *fsolve* y se implementa un algoritmo en Matlab para construir una tabla de datos de corriente en función del flujo magnético y del ángulo mecánico i (φ,θ).

Para construir el bloque relacionado con el torque electromagnético partimos de la siguiente ecuación:

$$T_e = J\frac{d\Omega}{dt} + B\Omega + T_L$$

donde:

T_e = Par eléctrico

J = Inercia

Ω = Velocidad angular

B = Coeficiente de fricción

T_L = Par de la carga

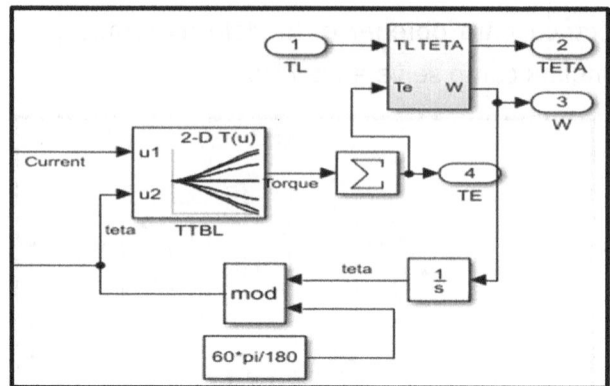

Figura 8.10 Bloque para calcular el torque eléctrico 8/6 SRM.

Fuente: Sánchez, F (2024). Simulación de motor [autoría propia].

Si se representa la ecuación del voltaje inducido en el diagrama de bloques en Simulink, se obtiene la Figura 8.8. Los valores que se cargan a TTBL son los obtenidos de las características de motor del torque eléctrico, que varía en función de la corriente y el ángulo mecánico $T_e(i, \theta)$.

Desglosando el bloque mecánico se obtiene la Figura 8.9.

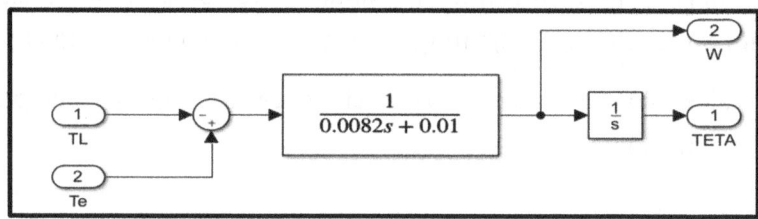

Figura 8.11 Bloque de parámetros mecánicos 8/6 SRM.

Fuente: Sánchez, F (2024). Simulación de motor [autoría propia].

En la Figura 8.12 se muestra el bloque de los terminales del motor SRM 8/6. Tiene ocho entradas. La A1, A2, etc. representan los terminales que están conectados a la bobina A; las entradas B1, B2, etc. corresponden a la bobina B, y así con el resto. En ellas se conectarán las entradas de voltaje del driver que se utilice.

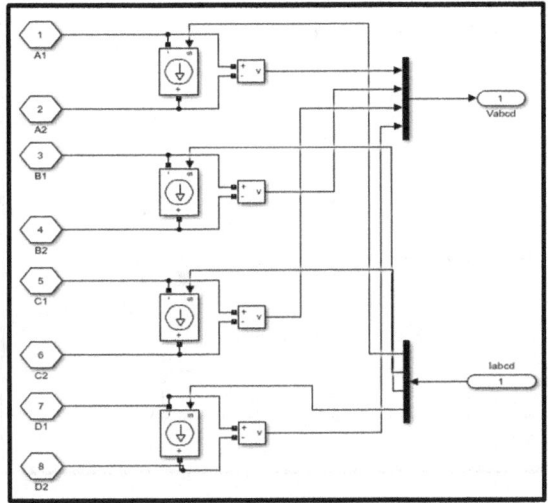

Figura 8.12 Bloque de terminales de entrada 8/6 SRM.

Fuente: Sánchez, F (2024). Simulación de motor [autoría propia].

El convertidor de un SRM llamado *asimetric converter* es presentado en la Figura 8.13. Tiene cuatro ramales, uno por cada fase, cada rama con una entrada de voltaje y una *gate* que controlará la alimentación de cada fase.

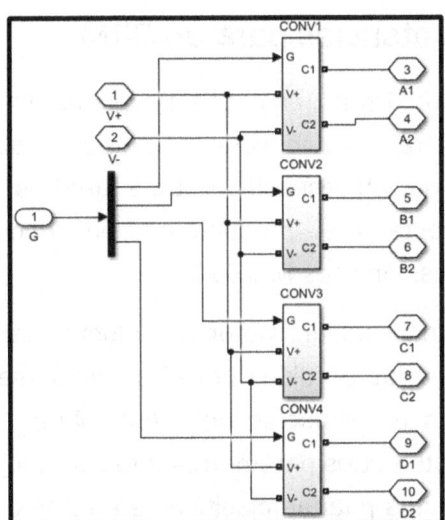

Figura 8.13 Convertidor 8/6 SRM.

Fuente: Sánchez, F (2024). Simulación de motor [autoría propia].

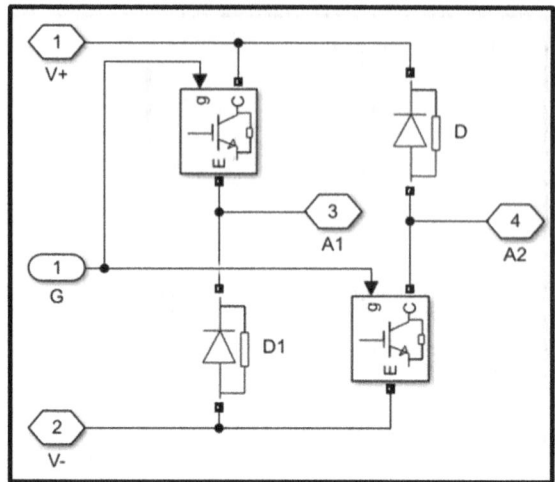

Figura 8.14 Rama individual de la fase A del motor 8/6 SRM.

Fuente: Sánchez, F (2024). Simulación de motor [autoría propia].

Cada rama está compuesta por dos diodos y dos semiconductores, tal y como se ve en la Figura 8.14, que controlan la alimentación en cada fase, en este caso, de la fase A a los terminales A1 y A2.

8.4 Balance de potencias para un SRM

A lo largo del proceso de diseño, es necesario evaluar las pérdidas de hierro de la máquina de manera rápida y conveniente antes de fabricar un prototipo con un material de laminación específico. Este análisis permite alcanzar un equilibrio entre el coste y el rendimiento, en función de los requisitos particulares de la aplicación (Kosow(2017)).

Las pérdidas de potencia en un motor de reluctancia conmutada (SRM) se deben principalmente a las pérdidas por el efecto Joule en los bobinados de cobre y a las pérdidas en el núcleo de acero (Materu y Krishnan, s. f.). Sin embargo, también existen otros parámetros que contribuyen al balance total de pérdidas, por lo que estas pueden clasificarse en tres categorías: pérdidas en los bobinados, pérdidas en el núcleo de acero y pérdidas mecánicas (Yankov, Grigorova y Maradzhiev, 2023).

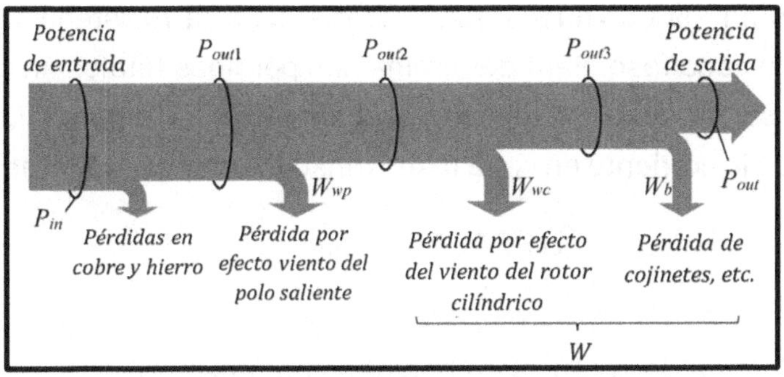

Figura 8.17 Balance de potencias de un SRM.

Fuente: Información tomada de Yankov (2023).

8.4.1 Pérdidas en los bobinados

Las pérdidas de cobre se deben al componente resistivo de los devanados, y varían en función de la carga del motor. Estas pérdidas son proporcionales a la resistencia del devanado de fase y al cuadrado de la corriente que circula por él. A medida que aumenta la temperatura del motor, también lo hace la resistencia eléctrica, lo que incrementa las pérdidas de cobre, dado que la resistencia de los conductores está fuertemente influenciada por la temperatura.

En motores eléctricos, estas pérdidas se calculan habitualmente a partir del valor eficaz de la corriente en cada fase, ya que representa el equivalente en corriente continua que produciría la misma disipación térmica (Raulin, Radun, y Husain, 2004). El valor eficaz de la corriente en una fase se determina por la raíz cuadrada del valor medio cuadrático de la forma de onda de corriente correspondiente.

$$I_{phrms} = \sqrt[2]{\left(\int_{t}^{t+T} I_{ph}^2 \, dt \right) \frac{1}{T}}$$

donde:

I_{phrms} = Corriente eficaz en una fase

T = Periodo eléctrico de una fase

I_{ph} = Corriente de una fase

t = Tiempo

Las pérdidas en los bobinados están asociadas a la resistencia activa de los devanados en cada fase. Para determinar las pérdidas totales en los bobinados de un motor con m fases, se utiliza la siguiente expresión general, basada en el valor eficaz de la corriente en cada fase (Yankov, Grigorova y Maradzhiev, 2023):

$$P_{cuph} = mRI^2_{phrms}$$

donde:

P_{cuph} = Perdida de potencia en bobinado por fase

m = Número de fases

R = Valor de resistencia eléctrica por fase

El enfoque interpolativo logra un buen equilibrio entre precisión y rapidez en la simulación. Sin embargo, es recomendable complementarlo con una comparación frente a modelos analíticos y por elementos finitos (FEM), para confirmar que los resultados sean coherentes tanto con la teoría como con los datos experimentales.

8.4.2 Pérdidas en el núcleo

En un material magnético, las pérdidas de hierro ocurren cuando dicho material está sometido a una densidad de flujo magnético variable en el tiempo (Kosow, 2017). Las pérdidas en el núcleo representan la energía disipada internamente en el material magnético y son independientes de la carga del motor. Generalmente, se dividen en dos componentes principales.

El primer componente corresponde a las pérdidas por histéresis, que surgen por la energía consumida en el movimiento de las paredes de dominio magnético, a medida que estos dominios crecen y rotan bajo la influencia de un campo magnético externo. Estas pérdidas dependen de la frecuencia del campo aplicado. Como indican Yu et al. (2015), la rotación de las partículas magnéticas para alinearse con el campo externo produce fricción molecular, lo cual genera un consumo energético adicional.

Cuando el motor de tracción opera a baja velocidad, las pérdidas por histéresis constituyen el componente dominante de las pérdidas en el hierro, debido a que el motor está sometido a altas corrientes de excitación.

El segundo componente de las pérdidas en el núcleo son las pérdidas por corrientes parásitas inducidas, las cuales fluyen en trayectorias cerradas dentro del material magnético. Para reducir estas pérdidas, el núcleo se fabrica generalmente a partir de laminaciones delgadas, lo que limita la circulación de corriente en planos perpendiculares al flujo magnético. Las pérdidas por corrientes parásitas son proporcionales al cuadrado de la frecuencia del flujo magnético alterno.

De acuerdo con Yu, Bilgin y Emadi (2015), la densidad de flujo variable induce corrientes parásitas en las laminaciones del núcleo, y en combinación con la conductividad eléctrica finita del acero eléctrico provocan pérdidas resistivas. A altas velocidades, este tipo de pérdida se convierte en la principal componente de las pérdidas de hierro, debido a la elevada tasa de cambio del flujo magnético.

Para predecir estas pérdidas con precisión, se requieren modelos dinámicos de enlace de flujo en diferentes regiones del motor y que consideren su variación temporal. La derivada temporal de la densidad de flujo se obtiene a partir de modelos analíticos fundamentados en la geometría del motor (Raulin, Radun y Husain, 2004).

Diversos métodos analíticos han sido propuestos para estimar las pérdidas de hierro. Entre los enfoques más utilizados se encuentran el modelo de separación de pérdidas y el modelo de vector de energía, así como mejoras del modelo de Steinmetz.

8.4.2.1 Modelamiento de separación para calcular las pérdidas en el núcleo

En el modelo de separación, las pérdidas de hierro se dividen en tres componentes principales: pérdidas debidas a la magnetización lineal, a la magnetización rotacional y a los armónicos de orden superior. Sin embargo, los coeficientes de pérdida en este modelo dependen en gran medida de datos experimentales (Kosow(2017)).

El modelo fue desarrollado por Materu y Krishnan (s. f.). En este método, se asume que las formas de onda del flujo del estator son triangulares, y que las formas de onda del flujo en otras regiones del motor se construyen gráficamente a partir de la combinación de las ondas del estator. A continuación, se realiza un análisis de Fourier sobre estas ondas de flujo, lo que permite obtener la frecuencia y amplitud de cada uno de los componentes (fundamental y armónicos).

Con esta información, se calcula un factor de pérdida mediante una aproximación logarítmica lineal de las pérdidas en función de la frecuencia, utilizando datos proporcionados por los fabricantes de los materiales magnéticos. Las pérdidas totales del núcleo en una sección específica del motor se obtienen al multiplicar este factor por el peso de la sección considerada. La pérdida total del núcleo se calcula como la suma de las pérdidas de todas las secciones del motor.

8.4.2.2 Modelamiento vectorial de energía para calcular las perdidas en el núcleo

El modelo vectorial de energía ofrece una solución más detallada para el análisis de pérdidas y del par en máquinas de reluctancia conmutada. Este enfoque parte de la resolución de las ecuaciones de Maxwell, a partir de las cuales se obtiene el potencial vector magnético. Con este resultado, se puede determinar la distribución de la densidad de flujo magnético en la brecha de aire, lo que permite posteriormente el cálculo preciso de las pérdidas electromagnéticas y del par de la máquina.

Según Kosow (2017), este método se basa en el teorema de Poynting para la conversión de energía en un campo electromagnético. La ecuación resultante proporciona una representación rigurosa del flujo de potencia electromagnética a través de la superficie que delimita la región activa de la máquina.

$$\vec{S} = \vec{E}x\vec{H}$$

donde:

$\vec{S}$= Vector de Poyting que representa la dirección de la energía de la densidad de flujo del campo electromagnético.

$\vec{E}$ = Campo eléctrico.

$\vec{H}$ = Campo magnético.

8.4.2.3 Modelamiento Steinmetz para calcular las perdidas en el núcleo

En el modelo de Steinmetz, las pérdidas por histéresis y por corrientes parásitas se calculan por separado, en función de la variación de la densidad de flujo magnético. Para casos en los que la excitación de corriente no es sinusoidal, se introducen factores de corrección, conocidos como pérdidas excesivas, con el fin de mejorar la estimación.

Sin embargo, este método presenta limitaciones significativas cuando se aplica a motores de reluctancia conmutada (SRM). Bajo condiciones de alta excitación de corriente, como ocurre en aplicaciones de tracción eléctrica, tanto la densidad de flujo como la frecuencia de operación presentan variaciones sustanciales a lo largo de distintas regiones de la máquina, lo que reduce la precisión del modelo (Kosow ,2017).

8.4.3 Perdidas misceláneas

Las pérdidas misceláneas varían en función de la carga del motor, pero son difíciles de definir y cuantificar con precisión. A partir de pruebas calorimétricas, se ha demostrado que existen pérdidas adicionales que no están contempladas dentro de las categorías tradicionales de pérdidas en motores eléctricos, como las pérdidas en el cobre o en el núcleo magnético (Kosow, 2017).

8.5 Control PWM y DTC para 8/6 SRM

Debido a la creciente necesidad de reducir la contaminación del aire y mejorar la eficiencia del combustible, el interés por los vehículos eléctricos (EV) y los vehículos eléctricos híbridos (HEV) ha aumentado significativamente. En muchos de estos sistemas, se emplean motores síncronos de imanes permanentes (PMSM). Sin embargo, estos motores dependen de imanes permanentes basados en elementos de tierras raras, cuyo suministro está altamente regulado por China.

Esta dependencia ha generado históricamente fluctuaciones en los precios e inestabilidad del mercado. Por ejemplo, China impuso restricciones a la exportación de tierras raras, lo que ocasionó un incremento en los precios que osciló entre el 750 % y el 2000 % (Gan et al., 2018). En los sistemas de producción modernos, los imanes permanentes pueden representar entre el 20 % y el 30 % del coste total de un motor eléctrico (US DRIVE, 2017).

El motor de reluctancia conmutada (SRM) representa una alternativa emergente y competitiva para aplicaciones de propulsión eléctrica y de velocidad variable, gracias a su estructura simple y sin escobillas, su bajo coste, su capacidad de funcionamiento a alta velocidad, su tolerancia a fallas y la ausencia de imanes permanentes (Watthewaduge et al., 2020). El SRM se compone de un estator con polos de magnetización y un rotor con polos salientes sin devanados. Su funcionamiento se basa en la transformación de energía electromecánica, buscando siempre la posición de mínima reluctancia y máxima inductancia dentro del circuito magnético. Cuando se excita una fase, el rotor gira para alinear sus polos con los del estator, lo que genera un par debido al incremento de la inductancia y la disminución de la reluctancia (Mohanraj et al., 2022).

En la literatura técnica actual mostrada, no se ha abordado un estudio comparativo entre el control por modulación por ancho de pulso (PWM) y el control directo del par (DTC) aplicado a motores SRM, lo cual representa un campo de estudio relevante dada la creciente atención que están recibiendo estos motores.

El objetivo de esta investigación es realizar una comparación mediante simulación de diferentes técnicas de control aplicadas a un SRM, evaluando parámetros clave de rendimiento como la ondulación del par, el comportamiento dinámico, la eficiencia energética y la precisión del seguimiento de velocidad. En particular, se analizarán las estrategias de control DTC y PWM, ambas implementadas con controladores de velocidad y corriente en doble lazo. El estudio se desarrollará utilizando el entorno de simulación Simulink en MATLAB.

8.5.1 Modelo SRM

El modelo que se utiliza es un SRM 8/6, es decir, una máquina cuatrifásica con ocho polos en el estator y seis polos en el rotor Para generar el modelo matemático del SRM 8/6, se implementa en Simulink, el necesario mencionar que este, ya se estudió anteriormente en el apartado 8.3. En la Tabla 8.1 se plantean las características de un motor y, en la Figura 8.8, las técnicas de modelamiento de un SRM.

8.5.1.1 Control PWM

En el control por modulación por ancho de pulso (PWM), la frecuencia de conmutación de los interruptores controlados está determinada por la frecuencia de la señal portadora de alta frecuencia, que típicamente oscila entre 2 kHz y 20 kHz. Por su parte, el tiempo de encendido de los interruptores está gobernado por el ciclo de trabajo (*duty cycle*) de la señal de control. En la Figura 8.18 se ilustra el principio de funcionamiento del control PWM aplicado a un motor SRM (IEEE, 2019).

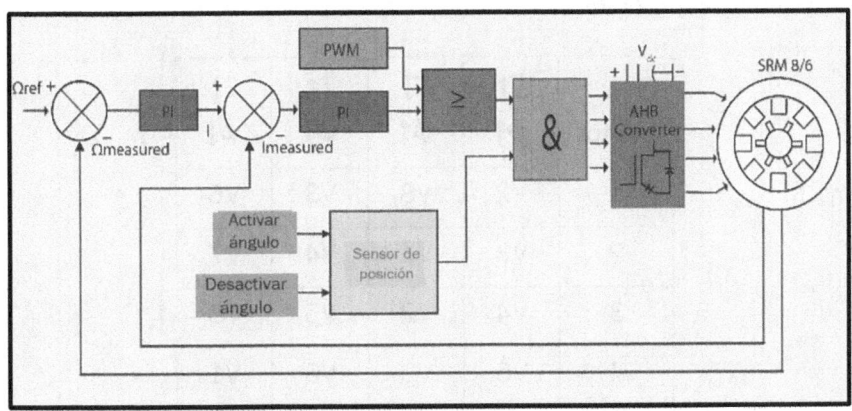

Figura 8.18 Bloque de control PWM.

Fuente: Sánchez, F (2024). Simulación de motor [autoría propia].

En este trabajo, el control PWM se implementa utilizando los elementos mostrados en la Figura 8.18, empleando dos lazos de control Proporcional-Integral (PI). El primer bucle es un bucle de control de velocidad y el segundo es un bucle de control de limitación de corriente con un valor nominal de 10 A. Esta señal pasa a través de un limitador de 0 a 1 y se compara con una señal portadora que va de 0 a 1 a una frecuencia de 2 kHz.

A continuación, la salida de esta comparación se introduce en una puerta AND, donde se compara con la señal del sensor de posición para generar las cuatro señales de control para las puertas del convertidor.

8.5.1.2 Control DTC

Durante muchos años, se han utilizado métodos de control avanzados para motores de reluctancia conmutada (SRM) con el objetivo de reducir la ondulación del par, Los enfoques convencionales de control de par en SRM se clasifican, principalmente, en dos tipos:

- Control de par indirecto (ITC, por sus siglas en inglés)

- Control de par directo (DTC, por sus siglas en inglés) (Gan et al., 2018)

La estrategia DTC emplea un controlador de histéresis para regular tanto el par como el flujo magnético. Además, requiere la identificación del sector del vector de flujo y el uso de una tabla de selección de vectores para la conmutación del inversor (Gan et al., 2018).

Sector	$T\uparrow$ $\phi\uparrow$	$T\downarrow$ $\phi\uparrow$	$T\uparrow$ $\phi\downarrow$	$T\downarrow$ $\phi\downarrow$
1	V2	V8	V3	V6
2	V3	V1	V4	V7
3	V4	V2	V5	V8
4	V5	V3	V6	V1
5	V6	V4	V7	V2
6	V7	V5	V8	V3
7	V8	V6	V1	V4
8	V1	V7	V2	V5

Tabla 8.2 Secuencia de conmutación para la estrategia DTC propuesta.

Fuente: Elaboración propia.

Existe un retraso de primer orden entre la corriente y el enlace de flujo. Aprovechando esta relación, el par electromagnético puede ser regulado ajustando el perfil de flujo magnético. Esta técnica busca lograr una conmutación más eficiente y un mejor aprovechamiento energético, contribuyendo así a reducir la ondulación y mejorar la respuesta dinámica del sistema.

Mantenga una amplitud constante del enlace de flujo del estator.

Controle el par acelerando o desacelerando el vector de flujo del estator.

Se definen ocho vectores para el DTC, que son V1 (-1 0 1 0), V2 (-1 -1 1 1), V3 (0 -1 0 1), V4 (1 -1 -1 1), V5 (1 0 -1 0), V6 (1 1 -1 -1), V7 (0 1 0 -1) y V8 (-1 1 1 1 -1). La secuencia de conmutación para los vectores se muestra en la Tabla 8.3.

El control de par directo se evalúa en Simulink utilizando el diagrama de bloques que se presenta en la Figura 8.19.

El control de velocidad se realiza a través de un controlador Proporcional-Integral (PI) para obtener el par de referencia, que entra en un limitador donde se establece el valor máximo del par de la máquina.

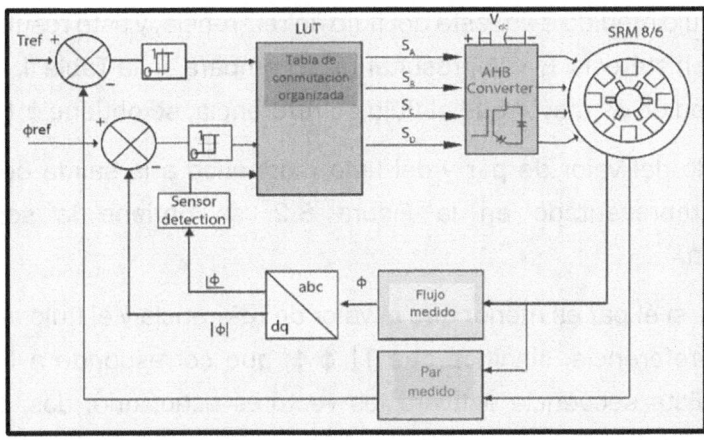

Figura 8.19 Bloque del sistema de control DTC.

Fuente: Elaboración propia.

A continuación, se calcula el resultado del par de referencia y el par medido y se introduce en el control de histéresis, como se muestra en la Figura 8.19. El valor resultante se compara en la Tabla 8.2. Por ejemplo, si el par medido es mayor que el par de referencia, se obtiene T↑.

El flujo medido se proporciona como cuatro señales, una para cada fase. Teniendo en cuenta la distribución de los ejes de flujo a-b-c-d, es posible transformar estas cuatro variables en un sistema de referencia bidimensional, a-b, utilizando la transformación de Clarke particularizada en cuatro fases:

$$\begin{bmatrix} \phi_\alpha \\ \phi_\beta \end{bmatrix} = \frac{1}{\sqrt{2}} \begin{bmatrix} \cos(45°) & -\cos(45°) & -\cos(45°) & \cos(45°) \\ \sin(45°) & \sin(45°) & -\sin(45°) & -\sin(45°) \end{bmatrix} \begin{bmatrix} \phi_a \\ \phi_b \\ \phi_c \\ \phi_d \end{bmatrix}$$

donde:

- $\Phi a, \Phi b, \Phi c, \Phi d$ = Son los flujos magnéticos medidos en cada una de las cuatro fases del motor.
- $\Phi\alpha, \Phi\beta$ = Son las componentes transformadas del flujo en un sistema de coordenadas ortogonales α-β.
- $\frac{1}{\sqrt{2}}$ = Es un factor de normalización.

Se determina el módulo de flujo, ϕ, y se calcula el ángulo δ. Este ángulo representa la posición del vector espacial ϕ, que gira en el plano $\alpha\beta$.

El valor de flujo medido ϕ se resta del flujo de referencia, y este resultado ingresa al control de histéresis. El valor resultante se compara en la Tabla II. Por ejemplo, si el flujo medido es mayor que el flujo de referencia, se obtiene ϕ ↑.

Dependiendo del valor de par y del flujo magnético a la salida del control de histéresis, representado en la Figura 8.2, se obtiene la secuencia de conmutación.

Por ejemplo, si el par es menor que el valor de referencia y el flujo es mayor que el valor de referencia, significa que T↓ ϕ ↑, que corresponde a la secuencia número 2. Esta secuencia activará los vectores ocho, uno, dos, tres, cuatro, cinco, seis y siete, en ese orden.

8.5.2 Resultados de las simulaciones

Se implementan varias configuraciones de parámetros y se analizan los resultados para comparar el rendimiento del control PWM con el control DTC. Las principales desventajas de los SRM incluyen un ruido acústico significativo y una ondulación de par elevada. En las estrategias de control presentadas, se analizan y comparan estos problemas.

Los siguientes son los parámetros del análisis. Los valores de par, velocidad y fuente de alimentación de CC son los siguientes: ±0.2 Nm para el par, ±0.02 Wb para el flujo y 1000 rpm para el ajuste de velocidad. La referencia de par para el método DTC se establece en 3 Nm, mientras que la referencia de flujo se establece en 0.4 Wb. El enfoque PWM utiliza una referencia de limitador de corriente de 10 A y ángulos de conmutación de 40º y 55º para encender y apagar, respectivamente. En la técnica PWM, la frecuencia de conmutación se fija en 2 kHz.

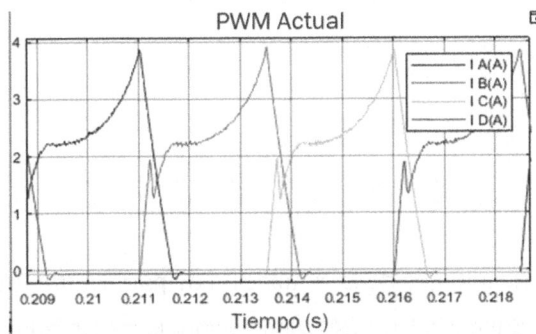

Figura 8.20 Resultados de simulación de corrientes A, B, C y D con control PWM.

Fuente: Sánchez, F (2024). Simulación de motor [autoría propia].

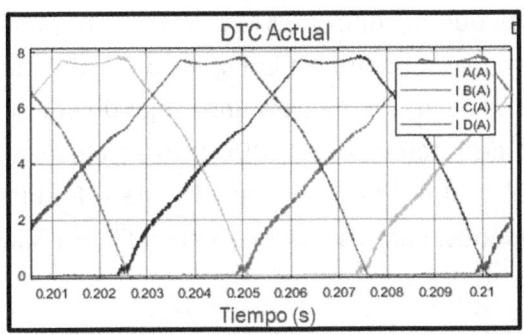

Figura 8.21 Resultados de simulación de corriente A, B, C y D con control DTC.

Fuente: Sánchez, F (2024). Simulación de motor [autoría propia].

La corriente en el control PWM alcanza un valor de 4 A, como se muestra en la Figura 8.20, mientras que con el control DTC la corriente aumenta a 8 A, representada en la Figura 8.21. La ondulación del par en el control PWM alcanza un valor de 1.37 Nm (ver Fig. 6), y un valor de 0.7 Nm en el control DTC (ver Fig. 8.22).

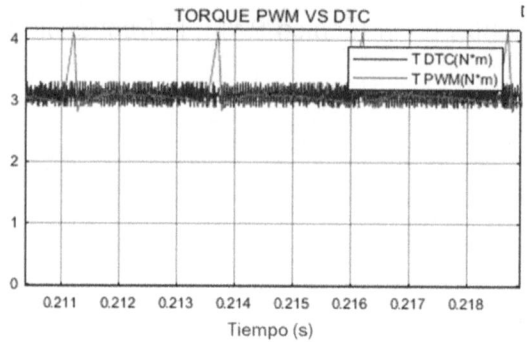

Figura 8.22 Resultados de la simulación de par: control PWM vs. DTC.

Fuente: Sánchez, F (2024). Simulación de motor [autoría propia].

En cuanto al comportamiento dinámico, el tiempo que tarda el control DTC en alcanzar la velocidad de referencia es de 0.18 segundos, como se muestra en la Figura 7, mientras que el control PWM alcanza este punto de ajuste en solo 0.11 segundos, como se muestra en la Figura 8.23. Si la máquina se pone en marcha sin carga —es decir, si se ajusta una carga de par de 0 Nm en el control DTC—, la velocidad de referencia de 1000 rpm se alcanza en 0.12 segundos, mientras que, en el control PWM, la velocidad de referencia de 1000 rpm se alcanza en 0.7 segundos, como se muestra en la Figura 8.24.

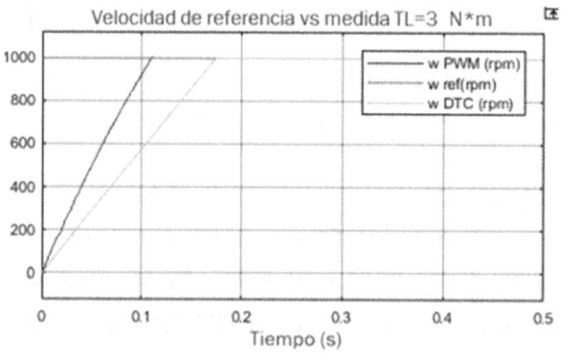

Figura 8.23 Resultados de la velocidad: control DTC vs. PWM.

Fuente: Sánchez, F (2024). Simulación de motor [autoría propia].

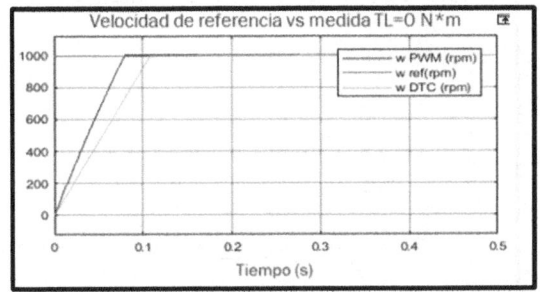

Figura 8.24 Resultados de velocidad sin carga: control DTC vs. PWM.

Fuente: Sánchez, F (2024). Simulación de motor [autoría propia].

Para evaluar la dinámica del motor en respuesta a los cambios en el punto de ajuste de velocidad y la carga, la máquina se ha sometido a los perfiles de velocidad y carga que se muestran en la Figura 8.23: de 0 a 0.3 s la velocidad es de 1000 rpm, y de 0.3 s a 1 s la velocidad es de 500 rpm. A su vez, la referencia de par es de 3 Nm de 0 a 0.7 s y de 5 Nm de 0.7 a 1 s. Las figuras 8.23 y 8.24 muestran los resultados de la simulación del control PWM y DTC. En la etapa de aceleración, la respuesta del PWM es más rápida que la del DTC, pero en la etapa de desaceleración, el PWM es más lento que el DTC, que alcanza el valor de velocidad de ajuste. Por otro lado, el control PWM muestra claramente más ondulación de par que el control DTC.

Control	T Ondulación (Nm)	Tiempo de aceleración (s)	*Effici ency* (%)	*THD* Voltaje (%)	*THD* Actual (%)
PWM (en inglés) *TL = 3Nm* *nref = 1000 rpm*	1.37	0.18	86	22.2	15.9
DTC *TL = 3Nm* *nref = 1000 rpm*	0.4	0.11	74	16.2	16.2

Tabla 8.3 Resultados comparativos de DTC y PWM.

Fuente: Sánchez, F (2024). Simulación de motor [autoría propia].

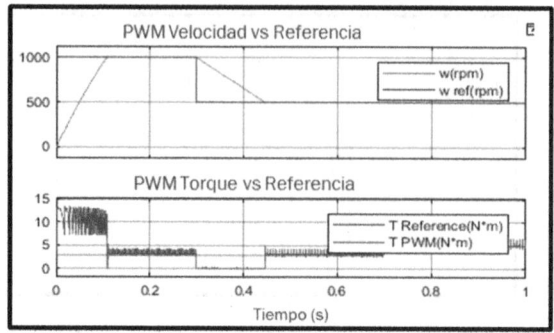

Figura 8.25 Resultados de varias referencias de velocidad y par con control PWM.

Fuente: Sánchez, F (2024). Simulación de motor [autoría propia].

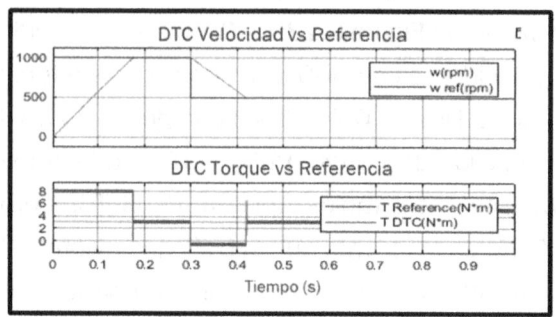

Figura 8.26 Resultados de referencias realistas de velocidad y par con control DTC.

Fuente: Sánchez, F (2024). Simulación de motor [autoría propia].

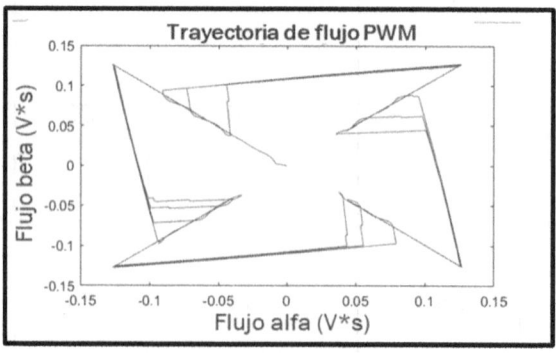

Figura 8.27 Resultados de la trayectoria del flujo: flujo alfa vs. beta con control PWM.

Fuente: Sánchez, F (2024). Simulación de motor [autoría propia].

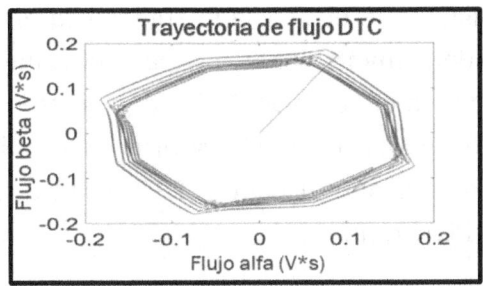

Figura 8.28 Resultados de la trayectoria del flujo:
flujo alfa vs. beta con control DTC.

Fuente: Sánchez, F (2024). Simulación de motor [autoría propia].

Al trazar la trayectoria del flujo en el marco a-b, se puede verificar que el resultado del control PWM es altamente no lineal (ver Fig. 8.27), mientras que la trayectoria del flujo en el control DTC es casi circular (ver Fig. 8.28).

En cuanto al número de sensores, el control PWM requiere medir la velocidad y la corriente en cada fase. Por otro lado, el control DTC requiere medir la velocidad y el par. Por lo tanto, desde el punto de vista de la medición, el método PWM es más rentable.

Por el contrario, el DTC exige una mayor capacidad computacional para la estimación del par y el flujo en tiempo real, lo que requiere DSP o FPGA avanzados. Además, el DTC a menudo implica frecuencias de conmutación más rápidas que requieren interruptores de potencia más robustos y térmicamente eficientes (por ejemplo, MOSFET de SiC), lo que aumenta la lista de materiales. El diseño a nivel de sistema también puede incluir filtrado adicional o gestión térmica activa. Un análisis de mercado revela que la implementación de DTC puede aumentar el coste del sistema en aproximadamente un 20-30 % en comparación con PWM, principalmente debido a las actualizaciones del controlador y el controlador de puerta, junto con la necesidad de sistemas de adquisición de datos en tiempo real.

Por lo tanto, si bien el DTC puede ofrecer una dinámica de par mejorada y tiempos de respuesta más rápidos, su mayor coste de implementación debe sopesarse con los requisitos de rendimiento y la escala de producción. En vehículos eléctricos de alta gama o aplicaciones industriales, el aumento de costes a menudo está justificado. Sin embargo, para las plataformas de gama baja y media, el PWM sigue siendo una solución viable y económica.

Desde el punto de vista de la eficiencia energética, la eficiencia se calcula en función de la velocidad, manteniendo un par constante de T=3 N*m. Los resultados, representados en la Figura 8.29, demuestran que la eficiencia del DTC es inferior a la del PWM. El control PWM alcanza su máxima eficiencia entre 500 y 790 rpm, mientras que el control DTC alcanza la máxima eficiencia aproximadamente a 1100 rpm.

El análisis de la distorsión armónica total (THD) revela que el PWM exhibe una THD más alta en la señal de voltaje, mientras que el DTC muestra una THD mayor en la señal de corriente, como se muestra en las figuras 8.30-8.33.

La distorsión armónica total (THD) no es simplemente un índice cuantitativo de la calidad de la forma de onda; tiene implicaciones directas en el rendimiento térmico y eléctrico del sistema de propulsión. La alta THD de corriente en los variadores SRM puede provocar un aumento de las pérdidas en Joule, lo que afecta a la eficiencia, en este caso, un 86 % en el PWM y un 74 % en el DTC. También produce un calentamiento elevado del estator y un mayor estrés térmico en la electrónica de potencia y los componentes de enlace de CC, lo que acorta la vida útil del sistema.

En este estudio, la estrategia DTC exhibió niveles más altos de THD en comparación con el PWM. Si bien el DTC proporciona una respuesta dinámica superior, su mayor contenido de armónicos requiere una gestión térmica mejorada y estrategias de filtrado en aplicaciones del mundo real. Por lo tanto, el método de control debe elegirse equilibrando el rendimiento dinámico con la eficiencia y la fiabilidad a largo plazo, especialmente en aplicaciones sensibles a la autonomía, como los vehículos eléctricos.

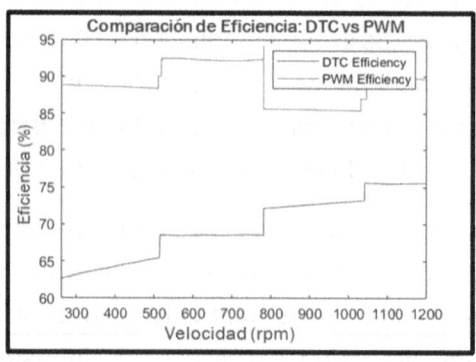

Figura 8.29 Comparación de eficiencia: DTC vs. PWM.

Fuente: Sánchez, F (2024). Simulación de motor [autoría propia].

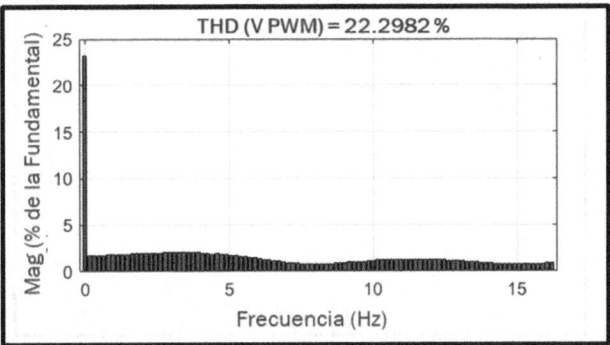

Figura 8.30 THD de control PWM de señal de voltaje.

Fuente: Sánchez, F (2024). Simulación de motor [autoría propia].

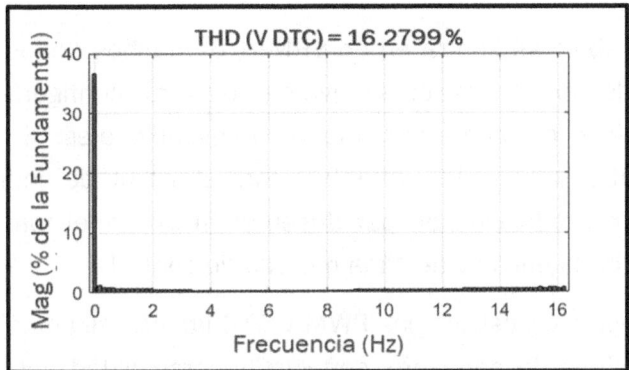

Figura 8.31 THD de control DTC de señal de voltaje.

Fuente: Sánchez, F (2024). Simulación de motor [autoría propia].

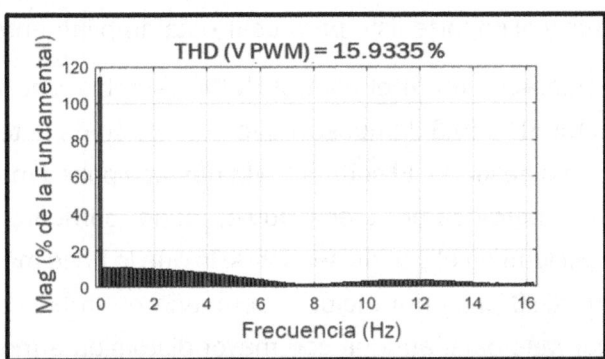

Figura 8.32 THD del control PWM de la señal de corriente.

Fuente: Sánchez, F (2024). Simulación de motor thd [autoría propia].

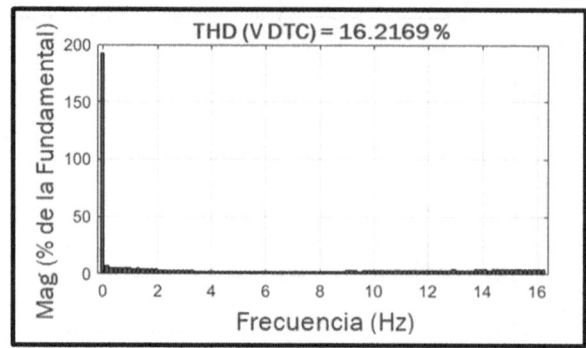

Figura 8.33 THD del control DTC de la señal de corriente.

Fuente: Elaboración propia basada en Sánchez, F (2024).
Simulación de motor [autoría propia].

Aunque este trabajo se centra en un SRM 8/6, muchos de los conocimientos derivados pueden extenderse cualitativamente a otras configuraciones de SRM, como 6/4, 12/8 o geometrías menos convencionales. Sin embargo, la interacción entre la relación rotor/estator, el perfil de inductancia y los mecanismos de producción de par desempeña un papel fundamental en la determinación de la eficacia de cada método de control.

La implementación de estrategias PWM y DTC implica distintas estructuras de costes en términos de hardware, software y complejidad operativa. El PWM, debido a su madurez y simplicidad algorítmica, se puede implementar utilizando procesadores de señal digital (DSP) de rango medio o microcontroladores, lo que lo hace atractivo para aplicaciones sensibles a los costes. Los costes de licencia son insignificantes y el soporte listo para usar está ampliamente disponible.

Este estudio comparativo entre el control PWM de doble lazo y el control DTC aplicado a un motor SRM 8/6 demuestra que la elección de la técnica de control depende del objetivo deseado. El control PWM destaca por su mayor precisión en velocidad, menores pérdidas por efecto Joule, menor corriente y flujo RMS, así como por su simplicidad en el uso de sensores, lo que lo hace más económico. En cambio, el control DTC presenta mejor desempeño en la desaceleración y una ondulación de par más baja, aunque con mayor distorsión armónica en la señal de corriente. Por lo tanto, el control PWM es más adecuado para aplicaciones que priorizan eficiencia energética y control preciso, mientras que el DTC es preferible cuando se busca reducir la ondulación del par. Como trabajo futuro, se propone validar estos resultados mediante un prototipo experimental, reducir el número de sensores mediante estimación de variables e implementar mejoras al control DTC para optimizar el rendimiento de la máquina.

8.5.3 Aplicaciones de motores de reluctancia conmutada

Los motores de reluctancia conmutada (SRM) han cobrado un papel relevante en el campo de la movilidad eléctrica, debido a su alta robustez, bajo coste y ausencia de imanes permanentes. Estas características los hacen especialmente atractivos para vehículos eléctricos ligeros, autobuses urbanos y motocicletas eléctricas, donde se requiere un accionamiento eficiente y resistente a altas temperaturas. Además, su capacidad para operar a altas velocidades sin perder torque y su compatibilidad con sistemas de control avanzados (como el control por ángulo de conmutación) los posicionan como una alternativa competitiva frente a los motores síncronos de imanes permanentes en aplicaciones de transporte sostenible.

En el sector de la maquinaria agrícola y equipos industriales, los SRM destacan por su tolerancia a ambientes hostiles y su mantenimiento reducido. Su construcción simple, sin devanados en el rotor ni escobillas, reduce significativamente las fallas mecánicas, lo que permite su uso en bombas de riego, ventiladores industriales, cosechadoras y sistemas de tracción agrícola. Gracias a su capacidad de operar bajo condiciones variables de carga y polvo, son ideales para entornos rurales o de campo donde la fiabilidad y la facilidad de mantenimiento son más importantes que la precisión extrema.

En el ámbito de las aplicaciones de alta velocidad y energía renovable, los motores de reluctancia conmutada se utilizan en compresores, turbinas eólicas, centrífugas y sistemas de generación distribuida. Su diseño permite alcanzar altas velocidades con gran eficiencia y sin riesgo de desmagnetización, lo que los hace adecuados para accionamientos donde el flujo de energía es intermitente o donde se requiere respuesta rápida. En conjunto, los SRM representan una tecnología flexible, económica y ecológica, capaz de adaptarse a las necesidades de la industria moderna, la movilidad eléctrica y la automatización sostenible.

BIBLIOGRAFÍA

Accionamientos eléctricos. (2021). *[Diagrama y componentes de un motor trifásico de inducción]*. [Informe Técnico o Material de Clase].

Areatecnologia. (2024). *Tipos de motores eléctricos.* Recuperado de https://www.areatecnologia.com/electricidad/tipos-de-motores-electricos.html

Asia Pumps (2021) Asia Pumps. (2021). HIGH PRESSURE AND CENTRIFUGAL PUMP SPECIALIST Catalog [Fotografía de bomba centrífuga industrial]. Recuperado de https://asiawaterjet.com/wp-content/uploads/2021/11/AWE-CATALOG-2021-single-page_compressed.pdf

Audax. (2021). Autotransformadores Trifásicos y Monofásicos. [Catálogo en línea]. https://www.audax.com.pe/

Bose, B. K. (2002). *Modern power electronics and AC drives.* Prentice Hall.

Camacho, E. F., & Bordons, C. (2007). *Model predictive control (2nd ed.).* Springer.

Castillo, S. (2022). Comparativa entre motores de rotor bobinado y de jaula de ardilla.

Castro, R. (2023). Uso de resistencias estáticas para el arranque de motores trifásicos. https://automatismoindustrial.com/curso-carnet-instalador-baja-tension/d-automatizacion/1-6-logica-cableada/arranque-mediante-resistencias-estatoricas/

Chapman, S. J. (2012). *Máquinas eléctricas (5ª ed.).* México D.F.: McGraw-Hill Interamericana Editores.

Daza, R. D. (2024). *[Documento sobre componentes de un motor trifásico]* [Informe Técnico]. https://es.scribd.com/document/482405303/TP-N-1-M-Asincronicas-copia

Daza, R. D. (2024). *Información técnica sobre máquinas eléctricas.*

Díaz, J. (2024). *Inteligencia Artificial en Sistemas de Control.* Paraninfo.

Electromatic. (2024). Arrancador de autotransformador. [Diagrama eléctrico de control y fuerza]. https://www.electromatic.com.co/

Electrotec. (2022). Arranque estrella delta de un motor trifásico. https://electrotec.pe/blog/ArranqueEstrellaDelta

Faraday, M. (1831). *Experimental researches in electricity. Philosophical Transactions of the Royal Society of London, 121,* 1–88. https://doi.org/10.1098/rstl.1831.0001

Fernández, M. (2022). Motor monofásico de fase partida: Diseño y funcionamiento. https://es.scribd.com/document/658072083/MOTOR-MONOFASICO-DE-FASE-PARTIDA

Fernández, S. (2022). Comparación entre arranque con autotransformador y otros métodos. https://www.se.com/ar/es/faqs/FAQ000255368/

Formación para la Industria 4.0. (2014). *Curva de par motor* [Figura]. Recuperado de https://automatismoindustrial.com/curso-carnet-instalador-baja-tension/motores/ *(URL específica donde se obtuvo la figura)*

Gabriela (2021). *[Diagrama de conexión estrella-triángulo].* [Material Didáctico].

García, A. (2023). *Aplicaciones del motor monofásico de fase partida.*

García, A. (2023). *Control Avanzado de Motores Trifásicos.* Editorial Técnica.

González, & Herrera. (2022). *[Título del informe: Ventilación y enfriamiento de motores].* [Material de Clase].

González, A. (2023). Arranque de motores trifásicos con autotransformador. https://automatismoindustrial.com/curso-carnet-instalador-baja-tension/d-automatizacion/1-6-logica-cableada/arranque-por-autotransformador/

González, P. (2022). Ventajas y desventajas del uso de resistencias estáticas. https://www.te.com/es/products/passive-components/resistors.html

Hangzhou Grand Technology. (2023). *Rotor bobinado: Componentes y anillos rozantes.* https://www.grandslipring.com/

Hernández, L. (2022). *Técnicas Predictivas en Motores de Inducción.* McGraw-Hill.

Hilkar Reductor Motor San. Tic. A.S. (2023) Hilkar Reductor Motor San. Tic. A.S. (2023). *Resistencias para el arranque y control de motores.* https://hilkar.com/es/resistenciasdecontrolpartidademotores.html

Holtz, J. (1992). *Pulsewidth modulation for electronic power conversion. Proceedings of the IEEE,* 82(8), 1194–1214. https://doi.org/10.1109/5.204397

Kazmierkowski, M. P., Krishnan, R., y Blaabjerg, F. (2002). *Control in power electronics: Selected problems.* Academic Press.

KET Plus (KingDom Electrical Technologies) (s.f.) KET Plus (KingDom Electrical Technologies). (s.f.). *[Curvas de arranque de motor trifásico].* Recuperado de https://www.ketplus.com.gt/

Kosow, I. L. (1980). *Máquinas eléctricas y transformadores* (2.ª ed.). México D.F.: Compañía Editorial Continental.

Kosow, I. L. (1980). *Máquinas eléctricas y transformadores.* McGraw-Hill.

Lewin, C. (s. f.). Field oriented control (FOC)- A deep dive. https://www.pmdcorp.com/resources/type/articles/get/field-oriented-control-foc-a-deep-dive-article

López, A. (2020). Funcionamiento del motor de jaula de ardilla. https://www.lifeder.com/motor-jaula-de-ardilla/

López, A. (2021). Métodos de arranque de motores trifásicos. https://www.editores-srl.com.ar/revistas/ie/334/farina_motores

López, C. (2021). Funcionamiento y aplicaciones de resistencias estáticas en motores trifásicos. https://www.mheducation.es/bcv/guide/capitulo/8448173104.pdf

López, J. R. (2024). *Información técnica sobre máquinas eléctricas.*

López, R. (2020). *Modulación por Vector Espacial en Inversores*. Alfaomega.

Mantilla, J. (1985). *Máquinas eléctricas*. Editorial Universitaria.

Martínez, C. (2023). Guía técnica sobre motores de jaula de ardilla. https://www.grandslipring.com/es/squirrel-cage-motor/

Martínez, J. (2022). Arranque directo de motores trifásicos: Una guía completa. https://masam.cuautitlan.unam.mx/dycme/ce/arranque-directo/

Martínez, J., & López, A. (2020). *Máquinas eléctricas y sus aplicaciones industriales* (2.ª ed.). Editorial Técnica Industrial.

Martínez, P. (2023). *Sistemas de Control para Accionamientos Eléctricos*. Limusa.

Ortega, F. (2021). Comparación entre motores monofásicos de fase partida y otros tipos.

Ortega, F. (2022). Características del motor trifásico de rotor bobinado. https://www.weg.net/catalog/weg/GD/es/Motores-El%C3%A9ctricos/Motores-de-Inducci%C3%B3n-de-Gran-Porte/Motores-de-Anillos/Motores-de-Inducci%C3%B3n-Trif%C3%A1sico-Rotor-Bobinado---L%C3%ADnea-Master/p/MKT_WEN_MLINE_WRIM

Ortega, L. (2023). Manual técnico sobre autotransformadores en motores trifásicos. https://controlelectricos.wordpress.com/wp-content/uploads/2015/03/landadelgadoivan-phpapp02.pdf

Pérez, M. (2023). Guía sobre motores trifásicos de rotor bobinado. https://es.scribd.com/document/522123261/GUIA-No-3-MOTOR-DE-ROTOR-BOBINADO-O-DE-ANILLOS-ROZANTES

Performance Motion Devices. (2021). Field-oriented control (FOC): Principles and benefits. https://www.pmdcorp.com/resources

Petruzella, F. D. (2005) Petruzella, F. D. (2005). *Electricity for the trades*. McGraw-Hill Science/Engineering/Math.

Posada, J. A. (2005). *Técnicas de modulación PWM para inversores de tensión*. Universidad Nacional de Colombia.

Ramírez, J. (2022). Manual técnico sobre motores monofásicos de fase partida. https://es.scribd.com/document/401654045/Motores-Monofasicos-COMPLETO

Ramírez, P. (2022). Método de arranque con autotransformador: teoría y práctica. https://es.scribd.com/document/536287254/Practica-5-arranque-de-motores

Ramírez, V. (2021). Arranque directo en sistemas trifásicos: ventajas y desventajas. https://automatizarte.com/como-funciona-arranque-directo-motor-trifasico/

Roberts, 2020 (Ventajas de arranque directo): Roberts, A. (2020). *Industrial motor control fundamentals*. Wiley.

Rodríguez, J. (2021). Características del motor de rotor de jaula de ardilla. https://demotor.net/motores-electricos/motores-corriente-alterna/motor-asincrono/rotor-jaula-ardilla

Rodríguez, J. M., & López, A. G. (2022). *Control moderno de motores eléctricos: Técnicas avanzadas y aplicaciones industriales* (2a ed.). Editorial Técnica Hispanoamericana.

Rodríguez, M. (2021). *Control Orientado por Campo: Teoría y Aplicaciones*. Marcombo.

Roldán, J. (2010). *Máquinas eléctricas*. Editorial Técnica.

Romero, (2023). *Principio de funcionamiento de motores de inducción*.

Romero, J. (2023). Motor trifásico de rotor bobinado: Diseño y aplicaciones. https://www.solerpalau.com/es-es/blog/motor-trifasico/

Ruiz, (2023). *[Explicación del método de arranque estrella-triángulo]*. [Material de Clase o Informe Técnico].

Sánchez, J. (2021). Ventajas del uso del autotransformador en motores trifásicos. https://www.itesa.com.pe/autotransformadores-trifasicos/

Siemens AG. (2017). *Direct torque control for industrial drive applications*. Siemens AG.

Siemens. (2023). *Manual de instrucciones, variador de frecuencia SINAMICS V20: Códigos de restauración de fábrica.*

Sierra, A. (2020). *Control de Motores de Inducción en Vehículos Eléctricos: Control Directo de Par Predictivo.* Industriales UPM

Takahashi, I., y Noguchi, T. (1986). A new quick-response and high-efficiency control strategy of an induction motor. *IEEE Transactions on Industry Applications, IA-22*(5), 820–827.

Thompson, H. (2021). *Motor starting current and low resistance effects in electric motors.* Recuperado de https://studylib.net/doc/27744988/principles-of-electric-machines-and-power-electronics-

Torres, L. (2022). Manual práctico para el arranque directo de motores. https://es.scribd.com/document/608105500/Practica-01-Arranque-Directo-Memoria-1-2

Torres, M. (2023). Guía sobre arranque con resistencias estáticas. https://es.scribd.com/document/446517290/Arranque-mediante-resistencias-estatoricas-docx

Vargas, E. (2021). Funcionamiento y ventajas del motor trifásico con rotor bobinado. https://www.electricity-magnetism.org/es/motores-de-induccion-con-rotor-bobinado/

Vargas, J. (2022). Métodos de arranque por resistencias estáticas: Una revisión. https://rinfi.fi.mdp.edu.ar/xmlui/bitstream/handle/123456789/730/MFernandez%2BETito-TFG-IEI-2023.pdf?sequence=5&isAllowed=y